高职高专自动化专业系列教材

过程控制技术及实训

GUOCHENG KONGZHI JISHU JI SHIXUN

（第二版）

张 益 编　王建明 审

化学工业出版社

·北京·

内 容 简 介

本书采用知识与实训结合的教学方式，以过程控制系统的设计、安装、运行、调试、维护和监控为主线，内容包括过程控制基本知识、过程控制基本设备、单回路控制项目实训、温度位式控制项目实训、串级控制项目实训和比值控制项目实训等内容。本书重点介绍过程控制系统的综合控制方法，以培养学生的动手能力为主要目标，原理性内容描述尽量简化，旨在解决生产实际问题。

本书可作为普通三年制高职和中高职衔接高职阶段、成人教育等机电一体化专业、自动化专业等相关专业的教材，也可供相关技术人员参考。

图书在版编目（CIP）数据

过程控制技术及实训/张益编. —2版. —北京：化学工业出版社，2020.11
ISBN 978-7-122-37963-4

Ⅰ.①过… Ⅱ.①张… Ⅲ.①过程控制-高等职业教育-教材 Ⅳ.①TP273

中国版本图书馆CIP数据核字（2020）第218605号

责任编辑：葛瑞祎　刘　哲　　　　　　装帧设计：张　辉
责任校对：王佳伟

出版发行：化学工业出版社（北京市东城区青年湖南街13号　邮政编码100011）
印　　装：大厂聚鑫印刷有限责任公司
787mm×1092mm　1/16　印张7　字数163千字　2021年1月北京第2版第1次印刷

购书咨询：010-64518888　　　　　　　售后服务：010-64518899
网　　址：http://www.cip.com.cn
凡购买本书，如有缺损质量问题，本社销售中心负责调换。

定　价：26.00元　　　　　　　　　　　　　　　　　　　　　　　版权所有　违者必究

第二版前言

本书专为机电一体化技术、自动化技术等工科相关专业的普通高等职业教育和中高职衔接教育高职阶段学生学习过程控制技术技能课程编写，旨在指导学生通过实训课程，在实践中锻炼自己的动手能力，进而加深对课堂所学知识的理解。学习该课程之前，要求学生已经掌握高等数学知识、物理知识、自动控制原理知识、传感器知识和控制器知识等内容。该书主要内容包括过程控制基本原理、过程控制设备的使用、过程控制系统基本操作技能和运行维护。本次修订在第一版教材基础上增加了温度位式控制系统知识及实训，其他章节做了适当的改动。

本教材结合生产实际，以企业岗位能力为目标，实现理论与实践相融合的教学方法，以真实的工作任务为载体，通过做中学、学中做、学与考、过程评价与结果评价的有机结合，有效实施教学全过程，充分体现了"以教师为主导，以学生为主体"的教学理念，适合高职高专机电一体化技术、自动化技术等相关专业学生使用。

全书共分为五章，由天津轻工职业技术学院张益编写，天津轻工职业技术学院王建明教授审查了全稿，提出了许多宝贵意见，在此表示感谢。

由于编者水平有限，不尽人意之处在所难免，恳请读者指正。

编 者
2020 年 8 月

目录

第1章 实训设备使用方法

1.1 实训系统 …………………………………………………………………………… 001
   1.1.1 概述 …………………………………………………………………………… 001
   1.1.2 系统特点 ……………………………………………………………………… 002
   1.1.3 实训装置的安全保护体系 …………………………………………………… 002
1.2 过程控制对象实训装置 …………………………………………………………… 002
   1.2.1 被控对象 ……………………………………………………………………… 002
   1.2.2 检测装置 ……………………………………………………………………… 004
   1.2.3 执行机构 ……………………………………………………………………… 006
1.3 智能电动调节阀的使用 …………………………………………………………… 006
   1.3.1 执行器的作用 ………………………………………………………………… 006
   1.3.2 电动调节阀的结构与工作原理 ……………………………………………… 007
   1.3.3 电动调节阀的基本使用 ……………………………………………………… 010
1.4 过程综合自动化控制系统实训平台 ……………………………………………… 011
   1.4.1 控制屏组件 …………………………………………………………………… 011
   1.4.2 智能仪表控制组件 …………………………………………………………… 013
   1.4.3 远程数据采集控制组件 ……………………………………………………… 014
   1.4.4 PLC 控制组件 ………………………………………………………………… 015
1.5 智能调节器的使用 ………………………………………………………………… 017
   1.5.1 调节器的作用 ………………………………………………………………… 017
   1.5.2 AI-808 人工智能调节器使用说明 …………………………………………… 017
   1.5.3 智能 PID 调节器的参数设置 ………………………………………………… 017
   1.5.4 调节器的 PID 控制规律 ……………………………………………………… 018
1.6 软件概述 …………………………………………………………………………… 025
   1.6.1 MCGS 组态软件 ……………………………………………………………… 025
   1.6.2 西门子 S7 系列 PLC 编程软件 ……………………………………………… 025
   1.6.3 RemoDAQ8000 Utility 软件 …………………………………………………… 025
1.7 实训要求及安全操作规程 ………………………………………………………… 025

1.7.1 实训前的准备 ······ 025
1.7.2 实训过程的基本要求 ······ 026
1.7.3 实训安全操作规程 ······ 026

第2章 单回路控制系统知识及实训

2.1 单回路控制系统的基础知识 ······ 027
    2.1.1 单回路控制系统概述 ······ 027
    2.1.2 单回路控制系统设计 ······ 028
    2.1.3 控制器参数的整定方法 ······ 035
    2.1.4 思考题 ······ 037
2.2 单容液位定值控制系统实训 ······ 038
    2.2.1 实训目的 ······ 038
    2.2.2 实训设备 ······ 038
    2.2.3 实训原理 ······ 038
    2.2.4 实训内容与步骤 ······ 038
    2.2.5 实训报告要求 ······ 041
    2.2.6 思考题 ······ 041
2.3 双容水箱液位定值控制系统实训 ······ 042
    2.3.1 实训目的 ······ 042
    2.3.2 实训设备 ······ 042
    2.3.3 实训原理 ······ 043
    2.3.4 实训内容与步骤 ······ 043
    2.3.5 实训报告要求 ······ 043
    2.3.6 思考题 ······ 044
2.4 三容水箱液位定值控制系统实训 ······ 044
    2.4.1 实训目的 ······ 044
    2.4.2 实训设备 ······ 044
    2.4.3 实训原理 ······ 044
    2.4.4 实训内容与步骤 ······ 044
    2.4.5 实训报告要求 ······ 045
    2.4.6 思考题 ······ 045
2.5 锅炉内胆水温定值控制系统实训 ······ 046
    2.5.1 实训目的 ······ 046
    2.5.2 实训设备 ······ 046
    2.5.3 实训原理 ······ 046
    2.5.4 实训内容与步骤 ······ 047
    2.5.5 实训报告要求 ······ 050
    2.5.6 思考题 ······ 050
2.6 锅炉夹套水温定值控制系统实训 ······ 050
    2.6.1 实训目的 ······ 050
    2.6.2 实训设备 ······ 050
    2.6.3 实训原理 ······ 050
    2.6.4 实训内容与步骤 ······ 050
    2.6.5 实训报告要求 ······ 052

  2.6.6　思考题 ·· 053
 2.7　单闭环流量定值控制系统实训 ·· 053
  2.7.1　实训目的 ·· 053
  2.7.2　实训设备 ·· 053
  2.7.3　实训原理 ·· 053
  2.7.4　实训内容与步骤 ·· 054
  2.7.5　实训报告要求 ·· 054
  2.7.6　思考题 ·· 054

第3章　温度位式控制系统知识及实训

 3.1　位式控制的基础知识 ·· 056
  3.1.1　位式控制基本概念 ·· 056
  3.1.2　温度位式控制系统 ·· 057
  3.1.3　思考题 ·· 057
 3.2　锅炉内胆水温位式控制系统实训 ·· 057
  3.2.1　实训目的 ·· 057
  3.2.2　实训设备 ·· 057
  3.2.3　实训原理 ·· 057
  3.2.4　实验内容与步骤 ·· 058
  3.2.5　实训报告要求 ·· 060
  3.2.6　思考题 ·· 061

第4章　串级控制系统知识及实训

 4.1　串级控制系统的引入 ·· 062
  4.1.1　课程导引——实验系统与工业系统的差别 ·· 062
  4.1.2　实践体验——单回路控制系统的不足 ·· 063
  4.1.3　集中讨论——克服流量干扰引起的液位波动 ·· 063
  4.1.4　知识学习——串级控制系统 ·· 064
  4.1.5　思考题 ·· 066
 4.2　串级控制系统的基础知识 ·· 066
  4.2.1　串级控制系统的结构 ·· 066
  4.2.2　串级控制系统的分析 ·· 066
  4.2.3　串级控制系统的设计 ·· 071
  4.2.4　思考题 ·· 074
 4.3　水箱液位串级控制系统实训 ·· 074
  4.3.1　实训目的 ·· 074
  4.3.2　实训设备 ·· 074
  4.3.3　实训原理 ·· 074
  4.3.4　实训内容与步骤 ·· 075
  4.3.5　实训报告要求 ·· 077
 4.4　三闭环液位控制系统实训 ·· 078
  4.4.1　实训目的 ·· 078
  4.4.2　实训设备 ·· 078
  4.4.3　实训原理 ·· 079

4.4.4 实训内容与步骤 ……………………………………………………………………… 079
  4.4.5 实训报告要求 ……………………………………………………………………… 081
 4.5 锅炉夹套水温与内胆水温串级控制系统实训 …………………………………………… 081
  4.5.1 实训目的 …………………………………………………………………………… 081
  4.5.2 实训设备 …………………………………………………………………………… 082
  4.5.3 实训原理 …………………………………………………………………………… 082
  4.5.4 实训内容与步骤 …………………………………………………………………… 082
  4.5.5 实训报告要求 ……………………………………………………………………… 083
  4.5.6 思考题 ……………………………………………………………………………… 083
 4.6 水箱液位与进水流量串级控制系统实训 ………………………………………………… 084
  4.6.1 实训目的 …………………………………………………………………………… 084
  4.6.2 实训设备 …………………………………………………………………………… 084
  4.6.3 实训原理 …………………………………………………………………………… 084
  4.6.4 实训内容与步骤 …………………………………………………………………… 085
  4.6.5 实训报告要求 ……………………………………………………………………… 088
  4.6.6 思考题 ……………………………………………………………………………… 089

第5章　比值控制系统知识及实训

 5.1 比值控制系统的基础知识 ……………………………………………………………… 090
  5.1.1 比值控制方式 ……………………………………………………………………… 091
  5.1.2 比值系数 K 的计算 ………………………………………………………………… 093
  5.1.3 比值控制系统的投运和控制器的整定 …………………………………………… 094
  5.1.4 思考题 ……………………………………………………………………………… 095
 5.2 单闭环流量比值控制系统实训 ………………………………………………………… 095
  5.2.1 实训目的 …………………………………………………………………………… 095
  5.2.2 实训设备 …………………………………………………………………………… 095
  5.2.3 实训原理 …………………………………………………………………………… 095
  5.2.4 比值系数的计算 …………………………………………………………………… 096
  5.2.5 实训内容与步骤 …………………………………………………………………… 097
  5.2.6 实训报告 …………………………………………………………………………… 099
  5.2.7 思考题 ……………………………………………………………………………… 099
 5.3 双闭环流量比值控制系统实训 ………………………………………………………… 100
  5.3.1 实训目的 …………………………………………………………………………… 100
  5.3.2 实训设备 …………………………………………………………………………… 100
  5.3.3 实训原理 …………………………………………………………………………… 100
  5.3.4 实训内容与步骤 …………………………………………………………………… 100
  5.3.5 实训报告 …………………………………………………………………………… 101
  5.3.6 思考题 ……………………………………………………………………………… 101

参考文献

第1章 实训设备使用方法

1.1 实训系统

1.1.1 概述

过程综合自动化控制系统实训平台是由实训控制对象、实训控制台及上位监控 PC 机三部分组成。它是根据工业自动化及其他相关专业的教学特点,并吸收了国内外同类实训装置的特点和长处,经过精心设计、多次实验和反复论证而推出的一套全新的综合性实训装置。该装置结合了当今工业现场过程控制的现状,是一套集自动化仪表技术、计算机技术、通信技术、自动控制技术及现场总线技术为一体的多功能实训设备。该系统包括流量、温度、液位、压力等热工参数的测量,可实现系统参数辨识、单回路控制、串级控制、前馈-反馈控制、滞后控制、比值控制等多种控制形式。该装置还可根据需要,设计构成 AI 智能仪表、DDC 远程数据采集和 PLC 可编程控制三种控制系统,可作为高职过程控制课程的实验、实训装置。

学生通过该实训装置进行综合实训后,可掌握以下内容:

① 传感器特性的认识和零点迁移;
② 自动化仪表的初步使用;
③ 变频器的基本原理和初步使用;
④ 电动调节阀的调节特性和原理;
⑤ 测定被控对象特性的方法;
⑥ 单回路控制系统的参数整定;
⑦ 串级控制系统的参数整定;
⑧ 复杂控制系统的参数整定;
⑨ 控制参数对控制系统的品质指标的要求;
⑩ 控制系统的设计、计算、分析、接线、投运等综合能力培养;
⑪ 各种控制方案的生成过程及控制算法程序的编制方法。

1.1.2 系统特点

① 真实性、直观性、综合性强,被控对象组件全部来源于工业现场。

② 被控参数全面,涵盖了连续性工业生产过程中的液位、压力、流量及温度等典型参数。

③ 具有广泛的扩展性和后续开发功能,所有 I/O 信号全部采用国际标准 IEC 信号。

④ 具有控制参数和控制方案的多样化。通过不同的被控参数、动力源、控制器、执行器及工艺管路的组合,可构成几十种过程控制系统实训项目。

⑤ 各种控制算法和控制规律在开放的实验软件平台上都可以实现。实验数据及图表在上位机软件系统中很容易存储及调用,以便实验者进行实验后的比较和分析。

⑥ 三种控制方式:AI 智能仪表控制方式、S7-200 PLC 可编程控制方式、DDC 远程数据采集控制方式。

1.1.3 实训装置的安全保护体系

① 三相四线制总电源输入经带漏电保护装置的三相四线制断路器进入系统电源之后,又分为一个三相电源支路和三个不同相的单相支路,每一支路都带有各自三相、单相断路器。总电源设有三相通电指示灯和 380V 三相电压指示表,三相带灯熔断器作为断相指示。

② 控制屏上装有一套电压型漏电保护装置和一套电流型漏电保护装置。

③ 控制屏设有服务管理器(即定时器兼报警记录仪),为学生实训技能的考核提供一个统一的标准。

④ 各种电源及各种仪表均有可靠的自保护功能。

⑤ 强电接线插头采用封闭式结构,以防止触电事故的发生。

⑥ 强弱电连接线采用不同结构的插头、插座,防止强弱电混接。

1.2 过程控制对象实训装置

实训对象总貌图如图 1-1 所示。

该实训装置对象主要由水箱、锅炉和盘管三大部分组成。供水系统有两路:一路由三相(380V 恒压供水)磁力驱动泵、电动调节阀、直流电磁阀、涡轮流量计及手动调节阀组成;另一路由变频器、三相磁力驱动泵(220V 变频调速)、涡轮流量计及手动调节阀组成。

1.2.1 被控对象

被控对象由不锈钢储水箱、三个串接的有机玻璃水箱(上、中、下)、4.5kW 三相电加热模拟锅炉(由不锈钢锅炉内胆加温筒和封闭式锅炉夹套构成)、盘管和敷塑不锈钢管道等组成。

(1)水箱

包括上水箱、中水箱、下水箱和储水箱。上、中、下水箱采用淡蓝色优质有机玻璃,不但坚实耐用,而且透明度高,便于学生直接观察液位的变化和记录结果。上、中水箱尺寸均

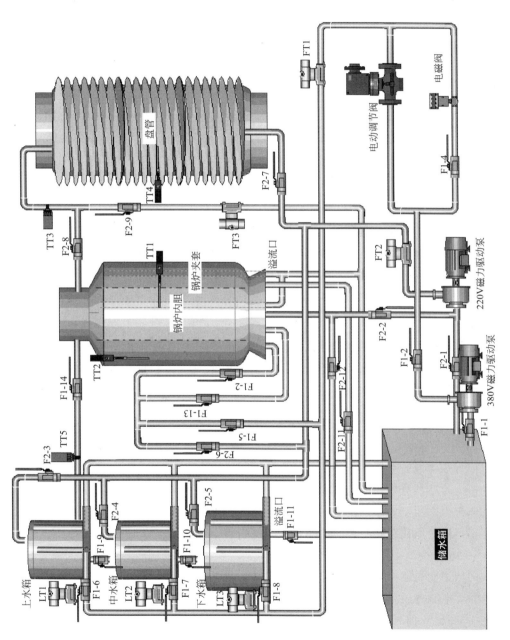

图1-1 实训对象总貌图

为：$D=25cm$，$H=20cm$；下水箱尺寸为：$D=35cm$，$H=20cm$。水箱结构独特，由三个槽组成，分别为缓冲槽、工作槽和出水槽。进水时水管的水先流入缓冲槽，出水时工作槽的水经过带燕尾槽的隔板流入出水槽，这样经过缓冲和线性化的处理，工作槽的液位较为稳定，便于观察。水箱底部均接有扩散硅压力传感器与变送器，可对水箱的压力和液位进行检测和变送。上、中、下水箱可以组合成一阶、二阶、三阶单回路液位控制系统和双闭环、三闭环液位串级控制系统。储水箱由不锈钢板制成，尺寸为：长×宽×高＝68cm×52cm×43cm，完全能满足上、中、下水箱的实验供水需要。储水箱内部有两个椭圆形塑料过滤网罩，以防杂物进入水泵和管道。

(2) 模拟锅炉

模拟锅炉是利用电加热管加热的常压锅炉，包括加热层（锅炉内胆）和冷却层（锅炉夹套），均由不锈钢精制而成，可利用它进行温度实验。做温度实验时，冷却层的循环水可以使加热层的热量快速散发，使加热层的温度快速下降。冷却层和加热层都装有温度传感器检测其温度，可完成温度的定值控制、串级控制、前馈-反馈控制等实验。

(3) 盘管

模拟工业现场的管道输送和滞后环节，长37m（43圈）。在盘管上有三个不同的温度检测点，它们的滞后时间常数不同，在实训过程中可根据不同的实训需要，选择不同的温度检测点。盘管的出水通过手动阀门的切换，既可以流入锅炉内胆，也可以经过涡轮流量计流回储水箱。它可用来完成温度的滞后和流量纯滞后控制实训。

(4) 管道及阀门

整个系统管道由敷塑不锈钢管连接而成，所有的手动阀门均采用优质球阀，彻底避免了管道系统生锈的可能性，有效提高了实训装置的使用年限。其中储水箱底部有一个出水阀，当水箱需要更换水时，把球阀打开将水直接排出。

1.2.2 检测装置

(1) 压力传感器、变送器

三个压力传感器分别用来对上、中、下三个水箱的液位进行检测，其量程为0～5kPa，精度为0.5级。采用工业用的扩散硅压力变送器，带不锈钢隔离膜片，同时采用信号隔离技术，对传感器温度漂移跟随补偿。采用标准二线制传输方式，工作时需提供24V直流电源，输出为4～20mA DC。

扩散硅压力变送器由传感器和信号处理电路组成。其中传感器压面设有惠斯顿电桥，当增加压力时，电桥各桥臂电阻值发生变化，通过信号处理电路转换成电压变化，最终将其转换成标准4～20mA信号输出。其原理如图1-2所示。

(2) 温度传感器

装置中采用了6个Pt100铂热电阻温度传感器，分别用来检测锅炉内胆、锅炉夹套、盘管（有3个测试点）以及上水箱出口的水温。Pt100测温范围：－200～＋420℃。经过调节器的温度变送器，可将温度信号转换成4～20mA直流电流信号。Pt100传感器精度高，热补偿性较好。

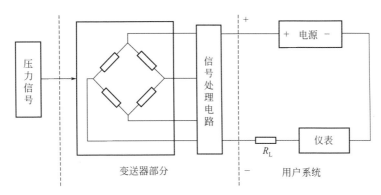

图 1-2 扩散硅压力变送器原理

电阻式温度传感器（RTD，Resistance Temperature Detector）是用一种物质材料做成的电阻，它会随温度的上升而改变电阻值。如果它随温度的上升而电阻值也跟着上升，就称为正电阻系数；如果它随温度的上升而电阻值反而下降，就称为负电阻系数。大部分电阻式温度检测器是用金属做成的，其中以铂（Pt）做成的电阻式温度检测器最为稳定，耐酸碱，不会变质，相当于线性，最受工业界欢迎。

测温探头部分采用抗震耐腐材质，使用寿命延长。卡套螺纹固定形式，能调节插入的深度，外加密封元件，加强了密封性，使介质不易外泄。采用高精度铂热电阻元件，测量温度更加精确。引线采用四芯金属屏蔽线，抗干扰性强。其原理如图 1-3 所示。

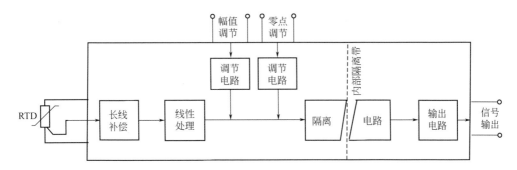

图 1-3 电阻式温度传感器原理

(3) 模拟转换器

三个模拟转换器（涡轮流量计）分别用来对由电动调节阀控制的动力支路、由变频器控制的动力支路及盘管出口处的流量进行检测。它的优点是测量精度高，反应快。采用标准二线制传输方式，工作时需提供 24V 直流电源。流量范围：$0 \sim 1.2 m^3/h$；精度：1.0%；输出：$4 \sim 20 mA \ DC$。

涡轮流量计是速度式流量计的一种，主要由表体、导向体、叶轮、电磁感应式信号检出器和轴承组成。当被测流体流过涡轮流量计传感器时，在流体的作用下，叶轮受力旋转，其转速与管道平均流速成正比，同时叶片周期性地切割电磁铁产生磁力线，改变线圈的磁通量，根据电磁感应原理，在线圈内将感应出脉动的电势信号，即电脉冲信号，此电脉冲信号的频率与被测流体的流量成正比，从而测量出流体的流量。涡轮流量计总体原理框图如图 1-4 所示。

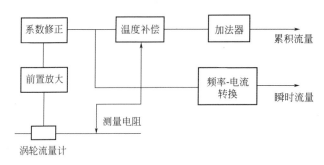

图 1-4　涡轮流量计总体原理框图

1.2.3　执行机构

(1) 电动调节阀

采用智能直行程电动调节阀,用来对控制回路的流量进行调节。电动调节阀型号为 QSTP-16K,具有精度高、技术先进、体积小、重量轻、推动力大、功能强、控制单元与电动执行机构一体化、可靠性高、操作方便等优点,电源为单相 220V,控制信号为 4~20mA DC 或 1~5V DC,输出为 4~20mA DC 的阀位信号,使用和校正非常方便。

(2) 水泵

该装置采用磁力驱动泵,型号为 16CQ-8P,流量为 30L/min,扬程为 8m,功率为 180W。泵体完全采用不锈钢材料,以防止生锈,使用寿命长。该装置采用两台磁力驱动泵,一台为三相 380V 恒压驱动,另一台为三相变频 220V 输出驱动。

(3) 电磁阀

在该装置中电磁阀作为电动调节阀的旁路,起到阶跃干扰的作用。电磁阀型号为: 2W-160-25;工作压力:最小压力为 0kgf/cm²❶,最大压力为 7kgf/cm²;工作温度:-5~80℃;工作电压:24V DC。

(4) 三相电加热管

由三根 1.5kW 电加热管星形连接而成,用来对锅炉内胆内的水进行加温,每根加热管的电阻值约为 50Ω。

1.3　智能电动调节阀的使用

1.3.1　执行器的作用

在过程控制系统中,执行器接受控制器的指令信号,经执行机构将其转换成相应的角位移或直线位移,去操纵调节机构,改变被控对象进、出的能量或物料,以实现过程的自动控制。在任何自动控制系统中,执行器都是必不可少的组成部分。如果把传感器比喻成控制系统的感觉器官,控制器就是控制系统的大脑,而执行器则可以比喻为做具体工作的手。

---

❶　1kgf/cm² ≈ 0.1MPa。

执行器常常工作在高温、高压、深冷、强腐蚀、高黏度、易结晶、闪蒸、汽蚀、高压差等状态下，使用条件恶劣，因此，它是整个控制系统的薄弱环节。如果执行器选择或使用不当，往往会给生产过程自动化带来困难，在许多场合下，会导致控制系统的控制质量下降，调节失灵，甚至因介质的易燃、易爆、有毒而造成严重的事故。为此，对于执行器的正确选用、安装和维修等各个环节，必须给予足够的注意。

执行器根据驱动动力的不同，可划分为气动执行器、液动执行器和电动执行器，本节将结合实验装置所用的智能电动调节阀使用知识进行介绍。

1.3.2 电动调节阀的结构与工作原理

(1) 电动调节阀的基本结构

在该实验装置上配置了智能型电动调节阀，其型号为 QSVP-16K。图 1-5 是电动调节阀的典型外形，它由两个可拆分的执行机构和调节阀（调节机构）部分组成。上部是执行机构，接受控制器输出的 0～10mA DC 或 4～20mA DC 信号，并将其转换成相应的直线位移，推动下部的调节阀动作，直接调节流体的流量。各类电动调节阀的执行机构基本相同，但调节阀（调节机构）的结构因使用条件的不同类型很多，最常用的是直通单阀座和直通双阀座两种。

图 1-5 电动调节阀的外形

(2) 电动执行机构的基本结构

执行机构采用了 PSL 电子式一体化的电动执行机构。该产品体积小，重量轻，功能强，操作方便，已广泛应用于工业控制，如图 1-6 所示。

其直行程电动执行器主要由相互隔离的电气部分和齿轮传动部分组成，电机作为连接两个隔离部分的中间部件。电机按控制要求输出转矩，通过多级正齿轮传递到梯形丝杆上，梯形丝杆通过螺纹变换转矩为推力。因此梯形螺杆通过自锁的输出轴将直线行程传递到阀杆。

执行机构输出轴带有一个防止转动的止转环，输出轴的径向锁定装置也可以作转位置指示器。输出轴止动环上连有一个旗杆，旗杆随输出轴同步运行，通过与旗杆连接的齿条板将输出轴位移转换成电信号，提供给智能控制板，作为比较信号和阀位反馈输出。同时执行机构的行程也可由齿条板上的两个主限位开关限制，并由两机械限位保护。

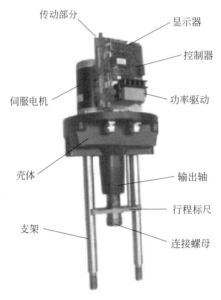

图 1-6　智能电动执行机构

（3）执行机构工作原理

电动执行机构是以电动机为驱动源，以直流电流为控制及反馈信号，原理方块图如图 1-7 所示。当控制器的输入端有一个信号输入时，此信号与位置信号进行比较，当两个信号的偏差值大于规定的死区时，控制器产生功率输出，驱动伺服电动机转动，使减速器的输出轴朝减小这一偏差的方向转动，直到偏差小于死区为止。此时输出轴就稳定在与输入信号相对应的位置上。

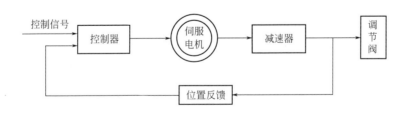

图 1-7　电动执行机构工作原理方块图

（4）控制器结构

控制器由主控电路板、传感器、带 LED 操作按键、分相电容、接线端子等组成。智能伺服放大器以专用单片微处理器为基础，通过输入回路把模拟信号、阀位电阻信号转换成数字信号，微处理器根据采样结果，通过人工智能控制软件后，显示结果及输出控制信号，如图 1-8 所示。

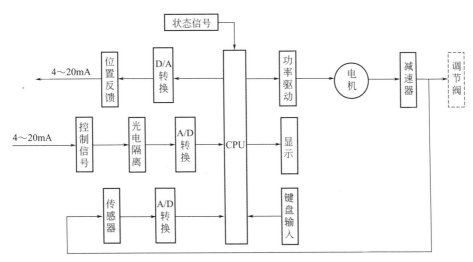

图 1-8　智能控制器组成结构

(5) 调节阀的基本结构

调节阀与工艺管道中被调介质直接接触，阀芯在阀体内运动，改变阀芯与阀座之间的流通面积，即改变阀门的阻力系数，就可以对工艺参数进行调节。

图 1-9 给出直通单阀座和直通双阀座的典型结构，它由上阀盖（或高温上阀盖）、阀体、下阀盖、阀芯与阀杆组成的阀芯部件、阀座、填料、压板等组成。

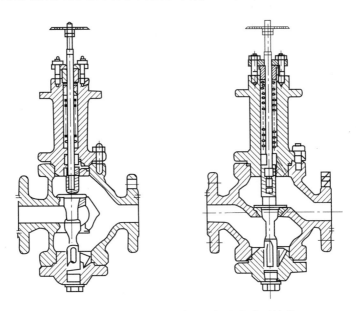

图 1-9　直通单阀座和直通双阀座的典型结构

直通单阀座的阀体内只有一个阀芯和一个阀座，其特点是结构简单、泄漏量小（甚至可以完全切断）和允许压差小，因此它适用于要求泄漏量小、工作压差较小的干净介质的场合。在应用中应特别注意其允许压差，防止阀门关不死。

直通双座调节阀的阀体内有两个阀芯和阀座。它与同口径的单座阀相比，流通能力为 20%～25%。因为流体对上、下两阀芯的作用力可以相互抵消，但上、下两阀芯不易同时关闭，因此双座阀具有允许压差大、泄漏量较大的特点，故适用于阀两端压差较大、泄漏量要求不高的干净介质场合，不适用于高黏度和含纤维的场合。

1.3.3 电动调节阀的基本使用

（1）识读铭牌

识读电动调节阀的铭牌，并回答问题：口径多少？阀杆行程多大？工作压力是多少？流量系数是多少？最大推力是多少？

（2）线路连接

由于 PSL 执行机构采用了一体化技术，自带伺服放大器，在不需要阀位显示的情况下，线路连接极为方便，只需两路线——电源线和控制线，其线路连接图如图 1-10 所示。

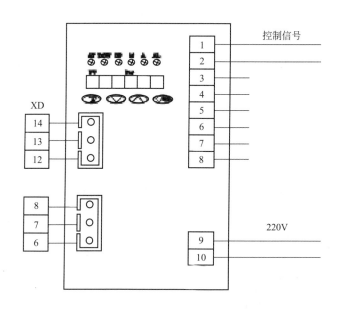

图 1-10　电动调节阀线路连接图

打开机壳即可看见如图 1-10 所示的线路，对应图示插上智能控制板，嵌入定位销将其固定。执行机构外壳内有端子条用于电气接线，选择适当的电源线与执行机构相连，建议使用 $\phi 1.0 mm^2$ 导线。

（3）调试

执行机构在出厂前都进行了整定，一般使用时不需要再调试。实际使用中可能需对调节阀开度进行整定，为此，就 PSL 的限位开关整定问题做介绍。

① 基本原则　执行器与调节阀门安装连接组合后的产品调试必须做到三位同步：调节阀位置、行程开关位置、对应信号位置。例如，输入信号为 4mA，下限位开关是断电位置；输入信号为 20mA，调节阀处于满度开位置，上限位开关是断电位置。判断行程限位开关的办法：上、下行程调节凸块碰撞到限位开关时，会听到"咔嗒"声；反作用时操作相反。

② 整定方法　手动执行器驱动阀门的阀芯接触阀座。当阀杆开始轴向动作时，阀杆受

力为执行器盘簧的反作用力。继续向同一方向驱动执行器,直到执行机构盘簧被压缩到盘簧图表所示相应数值,这样可保证关断力,防止泄漏。

不通电转动手轮,使阀杆下降至"0"位置时,调整下限限位开关正好动作(图1-11)(右凸块),同时左旋反馈电位器到"0"欧姆位置,再转动手轮使阀杆上升至标尺100%位置时,调节上限限位开关正好动作(左凸块)。重复上述动作直至上、下限限位都调整好。

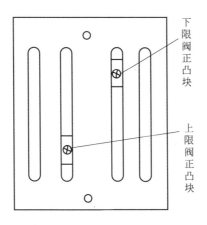

图1-11 电动调节阀限位开关调整图

1.4 过程综合自动化控制系统实训平台

过程综合自动化控制系统实训平台,主要由控制屏组件、智能仪表控制组件、远程数据采集控制组件、PLC控制组件等四部分组成。

1.4.1 控制屏组件

(1) SA-01 电源控制屏面板

充分考虑人身安全保护,电源控制屏装有漏电保护空气开关、电压型漏电保护器、电流型漏电保护器。图1-12为电源控制屏示意图。接上三相四线电源,控制屏两侧的插座均带电,合上总电源空气开关及钥匙开关,此时3只电压表均指示380V左右,定时器兼报警记录仪数显亮,停止按钮灯亮,照明灯亮,此时打开24V开关电源即可提供24V电压。按下启动按钮,停止按钮灯熄,启动按钮灯亮,此时合上三相电源、单相Ⅰ空气开关、单相Ⅱ空气开关、单相Ⅲ空气开关即可提供相应电源输出,作为其他组件的供电电源。

(2) SA-02 I/O 信号接口面板

该面板的作用主要是通过航空插头(一端与对象系统连接),将各传感器检测信号及执行器控制信号同面板上自锁紧插孔相连,便于学生自行连线组成不同的控制系统。

(3) SA-11 交流变频控制挂件

采用的 FR-S520SE-0.4K-CHR 型变频器,控制信号输入为 4～20mA DC 或 0～5V DC,交流220V变频输出用来驱动三相磁力驱动泵。有关变频器的使用,可参考变频器使用手册中相关的内容。交流变频控制挂件如图1-13所示。

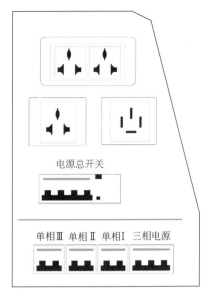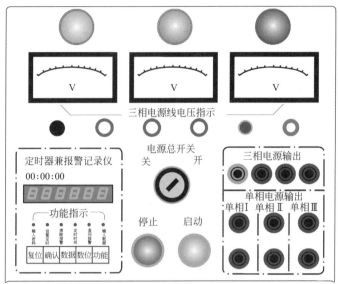

图 1-12 电源控制屏示意图

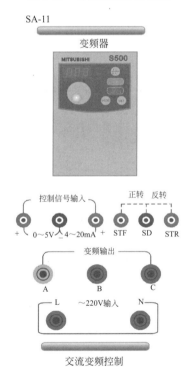

图 1-13 交流变频控制挂件

变频器常用参数设置：

P30=1；P53=1；P62=4；P79=0。

(4) 三相移相 SCR 调压装置

采用三相晶闸管移相触发装置，输入控制信号为 4～20mA 标准电流信号，其移相触发角与输入控制电流成正比。输出交流电压用来控制电加热器的端电压，从而实现锅炉温度的连续控制。

1.4.2 智能仪表控制组件

(1) AI 智能调节仪表挂件

采用 AI 系列全通用人工智能调节仪表，其中 SA-12 智能调节仪控制挂件为 AI-818 型。AI-818 型仪表为 PID 控制型，输出为 4~20mA DC 信号。AI 系列仪表通过 RS-485 串口通信协议与上位计算机通信，从而实现系统的实时监控。其挂件示意图如图 1-14 所示。

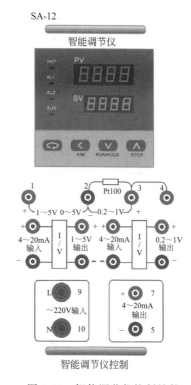

图 1-14 智能调节仪控制挂件

AI 仪表常用参数设置如下。

① Ctrl 控制方式。Ctrl=0，采用位式控制；Ctrl=1，采用 AI 人工智能调节/PID 调节；Ctrl=2，启动自整定参数功能；Ctrl=3，自整定结束。

② Sn 输入规格。Sn=21，Pt100 热电阻输入；Sn=32，0.2~1V DC 电压输入；Sn=33，1~5V DC 电压输入。

③ DIL 输入下限显示值。一般 DIL=0。

④ DIH 输入上限显示值。输入为液位信号时，DIH=50.0；输入为热电阻信号时，DIH=100。

⑤ OP1 输出方式。一般 OP1=4 为 4~20mA 线性电流输出。

⑥ CF 系统功能选择。CF=0 为内部给定，反作用调节；CF=1 为内部给定，正作用调节；CF=8 为外部给定，反作用调节；CF=9 为外部给定，正作用调节。

⑦ Addr 通信地址。单回路实验 Addr=1；串级实验主控为 Addr=1，副控为 Addr=2；三闭环实验主控为 Addr=1，副控为 Addr=2，内环为 Addr=3。实验中各仪表通信地址不允许相同。

⑧ P、I、D 参数可根据实验需要调整，其他参数请参考默认设置。

有关 AI 系列仪表的使用将在下一节介绍。

(2) SA-14 比值、前馈补偿装置挂件

比值、前馈补偿装置同调节器一起使用。上面一路作为比值器，输入电压经过电压跟随器、反相比例放大器、反相器输出 0～5V 电压，可以实现流量的单闭环比值、双闭环比值控制系统实验。当上面一路作为干扰输入，下面一路作为调节器输出时，两路相加或相减（通过钮子开关切换），再经过 I/V 变换输出 4～20mA 电流，这部分构成一个前馈补偿器，可以实现液位与流量、温度与流量的前馈-反馈控制系统实验。比值、前馈补偿装置挂件如图 1-15 所示。

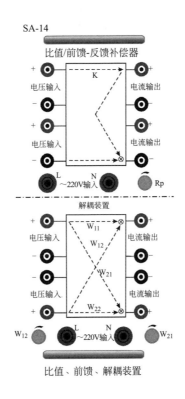

图 1-15 比值、前馈补偿装置挂件控制挂件

1.4.3 远程数据采集控制组件

远程数据采集控制，即我们通常所说的直接数字控制（DDC），它的特点是以计算机代替模拟调节器进行控制，并通过数据采集板卡或模块进行 A/D、D/A 转换，控制算法全部在计算机上实现。在本装置中远程数据采集控制系统，包括 SA-21 远程数据采集热电阻输入模块挂件、SA-22 远程数据采集模拟量输入模块挂件、SA-23 远程数据采集模拟量输出模块挂件。其挂件示意图如图 1-16 所示。

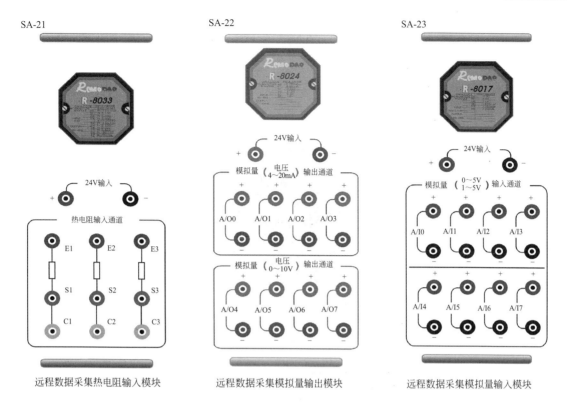

图 1-16 远程数据采集控制挂件

采用 RemoDAQ8000 系列智能采集模块，其中 R-8017 是 8 路模拟量输入模块，R-8024 是 4 路模拟量输出模块，R-8033 是 3 路热电阻输入模块。RemoDAQ8000 系列智能采集模块通过 RS-485 等串行口通信协议与 PC 相连，由 PC 中的算法及程序控制实现数据采集模块对现场的模拟量、开关量信号的输入和输出、脉冲信号的计数和测量脉冲频率等功能。图 1-17 所示即为远程数据采集控制系统框图。图中输入输出通道即为 RemoDAQ8000 智能采集模块。关于 RemoDAQ8000 智能模块的具体使用可参考装置附带的光盘中的相关内容。

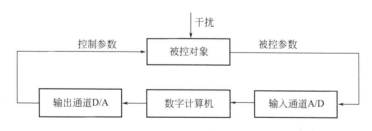

图 1-17 远程数据采集控制系统框图

1.4.4 PLC 控制组件

可编程控制器（简称 PLC）是专为在工业环境下应用的一种数字运算操作的电子系统。目前国内外 PLC 品种繁多，生产 PLC 的厂商也很多，其中德国西门子公司在 S5 系列 PLC 的基础上推出了 S7 系列 PLC，性能价格比越来越高。S7 系列 PLC 有很强的模拟量处理能力和数字运算功能，具有许多过去大型 PLC 才有的功能，其扫描速度甚至超过了许多大型的 PLC。S7 系列 PLC 功能强，速度快，扩展灵活，并具有紧凑的、无槽位限制的模块化结构，因而在国内工控现场得到了广泛的应用。过程综合自动化控制系统平台采用了 S7-200 控制系统，该套系统包括 SA-44S7-200 PLC 可编程控制器挂件，如图 1-18 所示。

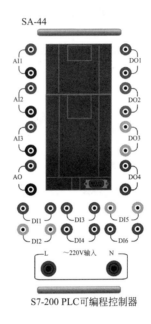

图 1-18　PLC 控制挂件

S7-200 是一种叠装式结构的小型 PLC。该实训系统包括一个 CPU224 主机模块和一个 EM235 模拟量 I/O 模块，以及一根 PC/PPI 连接线。其中 CPU224 模块带有 14 点开关量输入和 10 点开关量输出，EM235 模拟量扩展模块带有 4 路模拟量输入和 1 路模拟量输出。图 1-19 所示为 S7-200 PLC 控制系统结构框图。

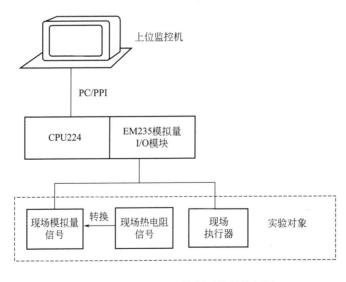

图 1-19　S7-200 PLC 控制系统结构框图

1.5 智能调节器的使用

1.5.1 调节器的作用

调节器在自动控制系统中的作用，是将测量输入信号值 PV 与给定值 SV 进行比较，得出偏差 e，然后根据预先设定的控制规律对偏差 e 进行运算，得到相应的控制值，并通过输出口以 4~20mA DC 电流（或 1~5V DC 电压）传输给执行器。故此，实际调节器均具有一定数量的输入端口和输出端口。另外，在调节器上一般都有测量值、输出值和给定值的显示功能，极大地方便了人们对仪表的调整及系统监控的操作。各类智能 PID 调节器的功能与结构基本相同，这里以智能 PID 调节器为例，说明其主要功能、结构和操作方法。

1.5.2 AI-808 人工智能调节器使用说明

AI-808 人工智能调节器面板及操作说明示意图如图 1-20 所示。

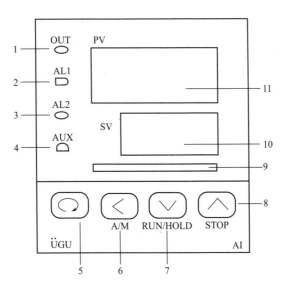

图 1-20　AI-808 人工智能调节器面板及操作说明

1—调节输出指示灯；2—报警 1 指示灯；3—报警 2 指示灯；4—AUX 辅助接口工作指示灯；
5—显示转换（兼参数设置进入）；6—数据移位（兼手动/自动切换及程序设置进入）；
7—数据减少键（兼程序运行/暂停操作）；8—数据增加键（兼程序停止操作）；
9—光柱（选购件），可指示测量值或输出值；10—给定值显示窗；11—测量值显示窗

1.5.3 智能 PID 调节器的参数设置

下面通过实际操作来掌握智能 PID 调节器的基本使用。

（1）观察显示屏的数据意义

调节器上方标有 PV 字母，代表是测量数据，下方是输出值和给定值共用的显示窗口。

初始状态显示给定值，按住增加（减少）键，可改变设定值的大小。

(2) 操作练习

① 手动/自动切换操作　调节器默认的是自动运行方式。当要进行手动改变输出值时，操作方法：在显示状态下，按 A/M 键可以使仪表在自动及手动两种状态下进行无扰动切换。在手动状态下，直接按住增加（减少）键，可增大（减小）手动输出值。

② 基本参数设置　基本参数的设置内容包括输入输出信号方式、控制方式等，操作方法如下：在显示状态下，按下第一个参数设置键并保持约 2s，即进入参数设置状态；参数设置状态下，按下参数设置键，仪表将依次显示各参数，例如上限报警 HIAL、参数锁 LOC 等；按下数据移位键、数据减少键和数据增加键可修改各参数值；按下数据增加键并保持不放，可返回上一参数设置；按下数据增加键并保持不放，再按参数设置键，可退出参数设置状态；如果没有按键操作，约 15s 后会自动退出参数设置状态。

无特殊要求时其他参数可采用默认设置。

1.5.4　调节器的 PID 控制规律

通过以上训练，应能掌握调节器的基本操作。但要使调节器发挥合理的调节功能，需设置好调节器的 PID 参数，而这必须熟悉调节器的控制规律。自动控制离不开 PID 控制规律，它是适用性最强、应用最广泛的一种控制规律，其本质是对偏差 $e(t)$ 进行比例、积分和微分的综合运算，使调节器产生一个能使偏差至零或很小值的控制信号 $u(t)$。

所谓调节器的控制规律就是指调节器的输入 $e(t)$ 与输出 $u(t)$ 的关系，即

$$u(t)=f[e(t)] \tag{1-1}$$

在生产过程常规控制系统中，应用的基本控制规律主要有位式控制、比例控制、积分控制和微分控制。下面主要讲解比例控制、积分控制和微分控制，由于运算方法不同，对控制系统的影响也不一样。这里首先分析一下比例控制规律的作用。

(1) 比例控制规律

比例控制规律（P）可以用下列数学式来表示：

$$\Delta u = K_c e \tag{1-2}$$

式中　Δu——控制器输出变化量；

e——控制器的输入，即偏差；

K_c——控制器的比例增益或比例放大系数。

由上式可以看出，比例控制器的输出变化量与输入偏差成正比，在时间上是没有延滞的。或者说，比例控制器的输出是与输入一一对应的，如图 1-21 所示。

当输入为一阶跃信号时，比例控制器的输入输出特性如图 1-22 所示。

比例放大系数 K_c 是可调的，所以比例控制器实际上是一个放大系数可调的放大器。K_c 愈大，在同样的偏差输入时，控制器的输出越大，因此比例控制作用越强；反之，K_c 值越小，表示比例控制作用越弱。

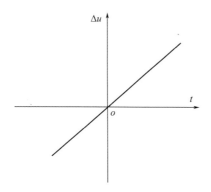

图 1-21 比例控制规律

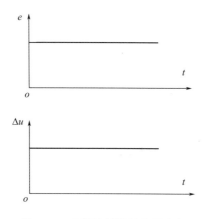

图 1-22 比例控制器的阶跃响应

(2) 比例度概念

比例放大系数 K_c 值的大小,可以反映比例作用的强弱。但对于使用在不同情况下的比例控制器,由于控制器的输入与输出是不同的物理量,因而 K_c 的量纲是不同的。这样,就不能直接根据 K_c 数值的大小来判断控制器比例作用的强弱。工业生产上所用的控制器,一般都用比例度(或称比例范围)δ 来表示比例作用的强弱。

比例度是控制器输入的相对变化量与相应的输出相对变化量之比的百分数。用数学式可表示为:

$$\delta = \frac{\dfrac{e}{z_{\max}-z_{\min}}}{\dfrac{\Delta u}{u_{\max}-u_{\min}}} \times 100\% \tag{1-3}$$

式中 $z_{\max}-z_{\min}$——控制器输入的变化范围,即测量仪表的量程;

$u_{\max}-u_{\min}$——控制器输出的变化范围。

由式(1-3)可看出,控制器的比例度可理解为:要使输出信号做全范围的变化,输入信号必须改变全量程的百分数。

控制器的比例度 δ 的大小与输入输出关系如图 1-23 所示。从图中可以看出,比例度越小,使输出变化全范围时所需的输入变化区间也就越小;反之亦然。

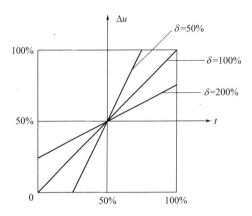

图 1-23 比例度与输入输出关系

比例度 δ 与比例放大系数 K_c 的关系为：

$$\delta = \frac{K}{K_c} \times 100\% \qquad (1-4)$$

式中，$K = \dfrac{u_{\max} - u_{\min}}{z_{\max} - z_{\min}}$。

由于 K 为常数，因此控制器的比例度 δ 与比例放大系数 K_c 成反比关系。比例度 δ 越小，则放大系数 K_c 越大，比例控制作用越强；反之，当比例度 δ 越大时，表示比例控制作用越弱。

在单元组合仪表中，控制器的输入信号是由变送器来的，而控制器和变送器的输出信号都是统一的标准信号，因此常数 $K=1$。在单元组合仪表中，δ 与 K_c 互为倒数关系，即：

$$\delta = \frac{1}{K_c} \times 100\% \qquad (1-5)$$

(3) 积分控制

当控制器的输出变化量 Δu 与输入偏差 e 的积分成比例时，就是积分控制规律（I）。其数学表达式为：

$$\Delta u = K_I \int_0^t e \, dt \qquad (1-6)$$

式中 K_I——积分比例系数。

积分控制作用的特性可以用阶跃输入下的输出来说明。当控制器的输入偏差是一幅值为 A 的阶跃信号时，式（1-6）就可写为：

$$\Delta u = K_I \int_0^t e \, dt = K_I A t \qquad (1-7)$$

由式（1-7）可以画出在阶跃输入作用下的输出变化曲线，如图 1-24 所示。由图可看出：当积分控制器的输入是一常数 A 时，输出是一直线，其斜率为 $K_I A$，K_I 的大小与积分速度有关。从图中还可以看出，只要偏差存在，积分控制器的输出随着时间不断增大（或减小）。

从图 1-24 可以看出，积分控制器输出的变化速度与偏差成正比。这就说明了积分控制规律的特点是：只要偏差存在，控制器的输出就会变化，执行器就要动作，系统就不可能稳定；只有当偏差消除（即 $e=0$）时，输出信号不再变化，执行器停止动作，系统才可能稳

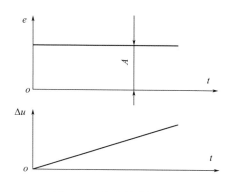

图 1-24 积分控制器特性

定下来。积分控制作用达到稳定时,偏差等于零,这是它的一个显著特点,也是它的一个主要优点。因此积分控制器构成的积分控制系统是一个无差系统。

式(1-6)也可以改写为:

$$\Delta u = \frac{1}{T_\text{I}} \int_0^t e \, \text{d}t \tag{1-8}$$

式中 T_I——积分时间。

对上式求拉氏变换,可得积分控制器的传递函数 $G_\text{c}(s)$ 为:

$$G_\text{c}(s) = \frac{U(s)}{E(s)} = \frac{1}{T_\text{I} s} \tag{1-9}$$

(4)比例积分控制规律

比例积分控制规律(PI)是比例与积分两种控制规律的结合,其数学表达式为:

$$\Delta u = K_\text{c} \left(e + \frac{1}{T_\text{I}} \int_0^t e \, \text{d}t \right) \tag{1-10}$$

当输入偏差是一幅值为 A 的阶跃变化时,比例积分控制器的输出是比例和积分两部分之和,其特性如图 1-25 所示。由图可以看出,Δu 的变化开始是一阶跃变化,其值为 $K_\text{c}A$(比例作用),然后随时间逐渐上升(积分作用)。比例作用是即时的、快速的,而积分作用是缓慢的、渐变的。

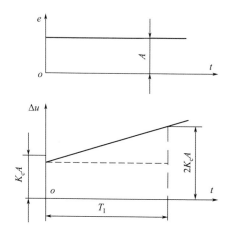

图 1-25 比例积分控制器特性

由于比例积分控制规律是在比例控制的基础上加上积分控制,所以既具有比例控制作用及时、快速的特点,又具有积分控制能消除余差的性能,因此是生产上常用的控制规律。

对式(1-10)取拉氏变换,可得比例积分控制器的传递函数:

$$G_c(s) = \frac{U(s)}{E(s)} = K_c \left(1 + \frac{1}{T_I s}\right) \tag{1-11}$$

(5) 微分控制规律

具有微分控制规律(D)的控制器,其输出 Δu 与偏差 e 的关系可用下式表示:

$$\Delta u = T_D \frac{de}{dt} \tag{1-12}$$

式中　T_D——微分时间。

由式(1-12)可以看出,微分控制作用的输出大小与偏差变化的速度成正比。对于一个固定不变的偏差,不管这个偏差有多大,微分作用的输出总是零,这是微分作用的特点。

如果控制器的输入是一阶跃信号,按式(1-12),微分控制器的输出如图 1-26(b)所示,在输入变化的瞬间,输出趋于∞。在此以后,由于输入不再变化,输出立即降到零。这种控制作用称为理想微分控制作用。

由于控制器的输出与输入信号的变化速度有关系,变化速度越快,控制器的输出就越大;如果输入信号恒定不变,则微分控制器就没有输出,因此微分控制器不能用来消除静态偏差。而且当偏差的变化速度很慢时,输入信号即使经过时间的积累达到很大的值,微分控制器的作用也不明显。所以这种理想微分控制作用一般不能单独使用,也很难实现。

图 1-26(c)是实际的近似微分控制作用。在阶跃输入发生时刻,输出 Δu 突然上升到一个较大的有限数值(一般为输入幅值的 5 倍或更大),然后呈指数曲线衰减至某个数值(一般等于输入幅值),并保持不变。

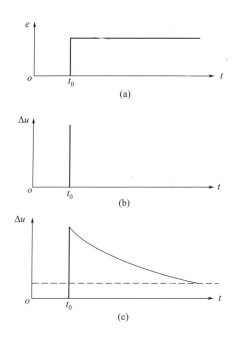

图 1-26　微分控制器特性

对式(1-12)进行拉氏变换，可得理想微分控制器规律的传递函数：

$$G_c(s) = \frac{U(s)}{E(s)} = T_D s \tag{1-13}$$

理想微分控制规律的 Bode 图，如图 1-27 所示。

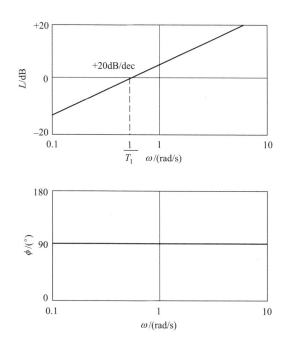

图 1-27　理想微分控制规律的 Bode 图

(6) 比例积分微分控制规律

比例积分微分控制规律（PID）的输入输出关系可用下式表示：

$$\Delta u = \Delta u_P + \Delta u_I + \Delta u_D = K_c \left(e + \frac{1}{T_I} \int e \, dt + T_D \frac{de}{dt} \right) \tag{1-14}$$

由式(1-14)可见，PID 控制作用的输出分别是比例、积分和微分三种控制作用输出的叠加。

当输入偏差 e 为一幅值 A 的阶跃信号时，实际 PID 控制器的输出特性如图 1-28 所示。

图 1-28 中显示，实际 PID 控制器在阶跃输入下，开始时微分作用的输出变化最大，使总的输出大幅度地变化，产生强烈的"超前"控制作用，这种控制作用可看成为"预调"。然后微分作用逐渐消失，积分作用的输出逐渐占主导地位，只要余差存在，积分输出就不断增加，这种控制作用可看成为"细调"，一直到余差完全消失，积分作用才有可能停止。而在 PID 控制器的输出中，比例作用的输出是自始至终与偏差相对应的，它一直是一种最基本的控制作用。在实际 PID 控制器中，微分环节和积分环节都具有饱和特性。

PID 控制器可以调整的参数是 K_c、T_I、T_D。适当选取这 3 个参数的数值，可以获得较好的控制质量。

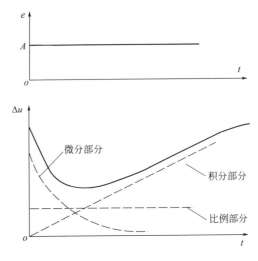

图 1-28 PID 控制器的输出特性

对式(1-14)进行拉氏变换，可得 PID 控制规律的传递函数：

$$G_c(s) = K_c \left(1 + \frac{1}{T_I s} + T_D s\right) \tag{1-15}$$

PID 控制规律的 Bode 图，如图 1-29 所示。

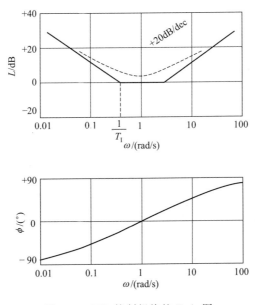

图 1-29 PID 控制规律的 Bode 图

由于 PID 控制规律综合了比例、积分、微分三种控制规律的优点，具有较好的控制性能，因而应用范围更广，在温度和成分控制系统中得到了更为广泛的应用。

需要说明的是，对于一台实际的 PID 控制器，K_c、T_I、T_D 的参数均可以调整。如果把微分时间调到零，就成为一台比例积分控制器；如果把积分时间放大到最大，就成为一台比例微分控制器；如果把微分时间调到零，同时把积分时间放到最大，就成为一台纯比例控制器了。

1.6 软件概述

1.6.1 MCGS组态软件

该装置中智能仪表控制方案、远程数据采集控制方案和S7-200 PLC控制方案，均采用了MCGS组态软件作为上位机监控组态软件。MCGS（Monitor and Control Generated System）是一套基于Windows平台的，用于快速构造和生成上位机监控系统的组态软件系统，可运行于Microsoft Windows95/98/NT/2000等操作系统。

MCGS5.5为用户提供了解决实际工程问题的完整方案和开发平台，能够完成现场数据采集、实时和历史数据处理、报警和安全机制、流程控制、动画显示、趋势曲线和报表输出以及企业监控网络等功能。

有关MCGS软件的使用可参考配套的手册及光盘。

1.6.2 西门子S7系列PLC编程软件

该装置中PLC控制方案采用了德国西门子公司的S7-200，西门子S7-200 PLC采用的是Step7-MicroWIN4.0编程软件，利用这两个软件可以对相应的PLC进行编程、调试、下装和诊断。

有关软件使用可参考光盘中相应的内容。

1.6.3 RemoDAQ8000 Utility软件

远程数据采集控制方案采用RemoDAQ8000系列智能采集模块，8000 Utility是其配套的模块调试软件。软件安装完以后，会在桌面创建快捷方式，双击"8000 Utility"图标，运行程序自动检测模块。当检测到模块后，可双击模块进行模块参数的显示及修改。若模块通信失败，可检查通信线是否已按实训要求连接；若上位机MCGS组态与模块通信失败，可用8000 Utility检查模块地址，并做正确修改。

1.7 实训要求及安全操作规程

1.7.1 实训前的准备

实训前应复习主教材的有关章节，认真研读实训指导书，了解实训目的、项目、方法与步骤，明确实训过程中应注意的问题，并按实训项目准备记录等。

实训前应了解实训装置中对象、水泵、变频器和所用控制组件的名称、作用及其所在位置，以便于在实训中对它们进行操作和观察。熟悉实训装置面板图，要求做到由面板上的图形、文字符号能准确找到该设备的实际位置，熟悉工艺管道结构、每个手动阀门的位置及其作用。

1.7.2　实训过程的基本要求

① 明确实训任务。
② 提出实训方案。
③ 画实训接线图。
④ 进行实训操作，做好观测和记录。
⑤ 整理实训数据，得出结论，撰写实训报告。

在进行综合实训时，上述要求应尽量让学生独立完成，老师给予必要的指导，以培养学生的实际动手能力。要做好各主题实训，就应做到：实训前有准备；实训中有条理，实训后有分析。

1.7.3　实训安全操作规程

① 实训之前确保所有电源开关均处于"关"的位置。
② 接线或拆线必须在切断电源的情况下进行，接线时要注意电源极性。完成接线后，正式投入运行之前，应严格检查安装、接线是否正确，并请指导老师确认无误后，方能通电。
③ 在投运之前，应先检查管道及阀门是否已按实训指导书的要求打开，储水箱中是否充水至 2/3 以上，以保证磁力驱动泵中充满水，磁力驱动泵无水空转易造成水泵损坏。
④ 在进行温度试验前，应先检查锅炉内胆内水位，至少保证水位超过液位指示玻璃管上面的红线位置，以免造成实验失败。
⑤ 实训之前应进行变送器零位和量程的调整。调整时应注意电位器的调节方向，并分清调零电位器和满量程电位器。
⑥ 仪表应通电预热 15min 后再进行校验。
⑦ 小心操作，切勿乱扳硬拧，严防损坏仪表。
⑧ 严格遵守实训室有关规定。

第2章 单回路控制系统知识及实训

2.1 单回路控制系统的基础知识

2.1.1 单回路控制系统概述

图 2-1 为单回路控制系统原理框图的一般形式，是由被控对象、执行器、控制器和测量变送器组成一个单闭环控制系统。系统的给定量是某一定值，要求系统的被控参数稳定至给定量。由于这种系统结构简单，性能较好，调试方便，故在工业生产中已被广泛应用。

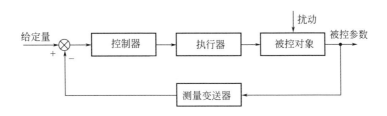

图 2-1 单回路控制系统原理框图

根据一个具体的被控对象和生产工艺对控制提出的要求，如何设计出一个理想的过程控制系统呢？首先应对被控对象做全面了解，同时对于工艺过程、设备等也需做比较深入的了解，然后拟定一个合理的控制方案，从而确保生产设备安全、经济地运行，提高产品的产量和质量。

过程控制系统设计包括系统的方案设计、工程设计、工程安装和仪表调校控制器参数整定等 4 个主要内容。

控制方案设计是系统设计的核心。若控制方案不正确，无论选用什么控制手段和控制工具，都不可能使系统运行达到应有的效果。单回路控制系统的方案设计要考虑这样一些问题：如何选择被控参数和构成反馈回路所采用的控制参数；被控参数信息的获取，即采用什么传感器和变送器；控制器的选型；执行器及调节阀的选择；以及多参数系统中各单回路系统间的关联影响。

在设计方案确定以后，工程设计主要是仪表选型、成套设计、供电供气系统设计、仪表的机柜和控制室设计，以及信号联锁保护系统设计等。

过程控制系统正确安装是系统正常运行的保证，安装完成后还要对每台仪表进行单独调试和联机调试。

为了使系统运行于最佳状态，控制器的各个参数都需要进行整定，参数整定是过程控制系统设计的一个重要环节。通过参数整定，可以使被控对象的特性与控制器特性合理配合，从而获得满意的控制质量。

控制方案的正确设计和控制器参数的整定，是系统设计中的两个重要内容。下面将着重介绍单回路控制系统设计的基本原则，包括合理选择被控参数和控制参数、被控参数的获取与变送、控制器控制规律的选取、调节阀的选择和控制器参数的整定等。

单回路控制系统的设计原则同样适用于复杂控制系统的设计。学会了单回路控制系统的设计方法，了解了系统中各个环节对控制质量的影响，就能设计其他更为复杂的控制系统。

2.1.2 单回路控制系统设计

(1) 选择被控参数

根据工艺要求选择被控参数，是系统设计中一个十分重要的内容。正确选择被控参数，对于稳定生产和提高产品的产量和质量，节约能源，保护环境，以及改善劳动条件等，都有十分重要的意义。若被控参数选择不当，则不论组成什么样的控制系统和选用多么先进的过程检测控制仪表，均不能达到预期的控制效果。对于一个生产过程，影响运行的因素很多，但并非都要加以控制，必须根据生产工艺要求，深入分析工艺过程，熟悉和掌握工艺操作的要求，从中找出对产品的产量和质量，对安全生产、经济运行、环境保护等具有决定性的作用，并且可直接测量的工艺参数作为被控参数，构成过程控制系统。这样的参数称为直接参数。在选择被控参数时尽可能采用直接参数。

当选择直接参数有困难（如缺少获取质量信息的仪表，或者测量滞后过大）、无法满足控制质量的要求时，可以选用间接参数作为被控参数，但它必须与直接参数有单值一一对应关系。例如，在化工生产中常用的精馏塔成分控制，成分是压力和温度的函数，如果保持压力一定，则成分与温度就成单值函数关系，所以选温度为被控参数。此外，所选择的被控参数对控制作用的反应具有足够的灵敏度，同时还应考虑到工艺生产的合理性和国内仪表的供应情况。归纳起来，选择被控参数的一般原则为：

① 选择对产品的产量和质量、安全生产、经济运行和环境保护等具有决定作用的且可直接测量的工艺参数；

② 当不能用直接参数作为被控参数时，应选择与直接参数有单值函数关系的间接参数作为被控参数；

③ 被控参数必须具有足够的灵敏度；

④ 必须考虑工艺过程的合理性和所用仪表的性能。

(2) 选择控制参数

被控参数确定后，还要正确选择控制参数、控制规律与调节阀等，以便正确设计一个控制回路。若有几种控制参数可供选择，则应分析对象扰动通道与控制通道特性对控制质量的影响，然后从中做出合理的选择。一般希望控制通道克服扰动的校正能力要强，动态响应要比扰动通道快。

由前所述，扰动作用是通过扰动通道使被控参数偏离给定值的。引入控制作用是为了克服扰动作用的影响，使被控参数恢复和保持在给定值上，而控制作用是通过控制通道对被控参数施加影响来抵消扰动作用的。所以，在设计控制回路时，要深入研究对象的控制通道和扰动通道，正确选择控制参数。下面从对象特性对控制质量的影响入手，讨论选择控制参数的一般原则。

① 对象静态特性对控制质量的影响　这是指对象控制通道或扰动通道的静态放大系数对控制质量的影响。现以图2-2所示的单回路控制系统为例来讨论。

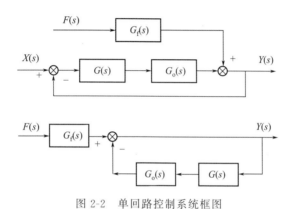

图 2-2　单回路控制系统框图

图中，$G(s)$ 为调节器传递函数，$G_o(s)$ 为控制通道传递函数，$G_f(s)$ 为扰动通道传递函数。

设

$$G(s)=K_c \quad G_o(s)=\frac{K_o}{T_o s+1} \quad G_f(s)=\frac{K_f}{T_f s+1} \tag{2-1}$$

被控参数 $Y(s)$ 与扰动 $F(s)$ 之间的闭环传递函数为

$$\frac{Y(s)}{F(s)}=\frac{(T_o s+1)K_f}{(T_o s+1)(T_f s+1)+K_c K_o(T_f s+1)} \tag{2-2}$$

由于系统是稳定的，在阶跃扰动作用下，系统稳态误差可应用终值定理求得。

$$y(\infty)=\lim_{t\to\infty}y(t)=\lim_{s\to 0}\frac{K_f(T_o s+1)}{s[(T_o s+1)(T_f s+1)+K_c K_o(T_f s+1)]}=\frac{K_f}{1+K_c K_o} \tag{2-3}$$

由式(2-3)可见，对象静态特性对控制质量有很大的影响。扰动通道的静态放大系数 K_f 越大，系统的稳态误差也越大，被控参数偏离给定值越大。控制通道的静态放大系数 K_o 越大，表示控制作用越灵敏，克服扰动的效果越好。所以，控制通道的静态放大系数 K_o 应适当大一些，而扰动通道的静态放大系数 K_f 应尽可能小，以减弱扰动对被控参数的影响。

② 对象动态特性对控制质量的影响　对象的动态特性一般可由时间常数 T 和纯滞后时间 τ 来描述。设扰动通道时间常数为 T_f，纯滞后时间为 τ_f；控制通道的时间常数为 T_o，纯滞后时间为 τ_o，下面分别进行讨论。

a. 扰动通道特性的影响　首先讨论 T_f 对控制质量的影响。当扰动为阶跃形式时，扰动

通道的输出随 T_f 的不同，其响应曲线也是不同的，如图 2-3 所示，图中 $T_{f1}<T_{f2}$。

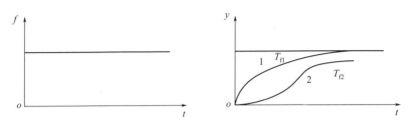

图 2-3　T_f 不同时的响应曲线

由图 2-3 可知，曲线 1 的形式影响较大，曲线 2 的形式影响较小。因而可以认为扰动通道时间常数 T_f 越大，扰动对被控变量的影响越缓慢，即对控制质量的影响越小。

下面讨论纯滞后时间 τ_f 对控制质量的影响。同一输入对象有无纯滞后，对其输出特性曲线的形状无影响，只是滞后一段时间 τ_f，如图 2-4 所示。由图可知，扰动通道中存在纯滞后时不影响控制质量。

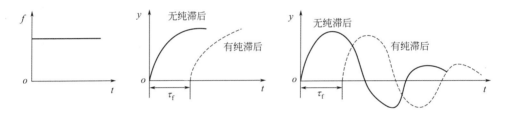

图 2-4　τ_f 对响应曲线的影响

b. 控制通道的影响　控制通道中时间常数 T_o 小，反应灵敏，控制及时，有利于克服扰动的影响；但时间常数过小（与调节阀和测量变送器时间常数相接近），容易引起过渡过程的振荡。时间常数过大，造成控制作用迟缓，使被控参数的超调量加大，过渡过程时间增长。

由于能量和物料的输送需要一定的时间，所以在控制通道中往往存在纯滞后时间 τ_o。τ_o 的存在，使控制参数对被控参数的作用推迟了这段时间。由于控制作用的推迟，不但使被控参数的超调量加大，还使过渡过程振荡加剧，结果过渡时间也增长。τ_o 越大，这种现象越显著，控制质量就越坏。所以在选择控制参数构成控制系统时，应使对象控制通道中的 τ_o 尽量小些。

因为扰动是影响生产正常进行的破坏性因素，所以希望它对被控参数的影响越小、越慢越好。而控制参数是克服扰动影响使生产重新平稳运行的因素，因而希望它能及时克服扰动的影响。

③ 控制参数选择原则　通过以上的分析可以归纳控制参数的选择原则如下。

a. 选择控制通道的静态放大系数 K_o 要适当大一些，时间常数 T_o 应适当小一些，纯滞后时间 τ_o 则越小越好。

b. 选择扰动通道的静态放大系数 K_f 应尽可能小。时间常数 T_f 越大，扰动引入系统的位置离被控参数越远，则越靠近调节阀，控制质量越高。

c. 当广义对象的控制通道由几个一阶惯性环节组成时,为了提高系统的性能指标,应尽量拉开各个时间常数的大小。

d. 应注意工艺上的合理性。

(3) 系统设计中的信号测量及传递问题

在过程控制系统中,测量变送环节起着信息获取和传送的作用。一个控制系统,如果不能正确、及时地获取被控参数变化的信息,并将它及时地传送给控制器,就不可能有效地、及时地克服扰动对被控参数的影响,不可能使被控参数稳定在工艺要求的范围内。

测量变送中的滞后,包括测量纯滞后和信息传送滞后等,这些滞后均与测量元件本身的特性、元件安装位置的选择和信息传送的方法有关。所以必须深入研究,克服或尽量减少其对控制质量的影响。

① 测量滞后　测量滞后是测量元件本身特性所引起的动态误差。例如用热电偶或热电阻测量温度时,由于其保护套管存在着热阻和热容,因而具有一定的时间常数,测量元件的输出信号总是滞后于被控参数的变化,引起测量值与真实值之间的动态误差,如图 2-5 所示。

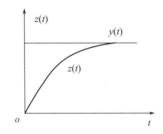

图 2-5　测量元件时间常数的影响

由图 2-5 可知,真实值 $y(t)$ 与测量值 $z(t)$ 之间产生差异,若控制器按此失真的信号发出控制命令,系统就不能有效地克服扰动对被控参数的影响,使控制质量下降,系统品质恶化。

为了克服测量滞后的不良影响,在系统设计时可采取以下措施。

a. 合理选择快速测量元件　通常,当测量元件的时间常数为对象时间常数的 1/10 以下时,便可满足生产要求。

b. 正确使用微分环节　对于测量滞后大的系统,引入微分作用也是有效的办法。微分作用相当于在偏差产生的初期,控制器的输出使执行机构产生一个多于应调的位移,出现暂时的过调,然后在比例或者比例积分控制规律作用下,进行进一步的控制,而最终使执行机构慢慢地恢复到平衡位置。用微分作用来克服测量滞后或者对象控制通道的滞后,会大大改善控制质量。如图 2-6 所示,在测量元件以后接入正微分单元组合仪表,其输入与输出间的关系为

$$\frac{P(s)}{T(s)} = \frac{K_m}{T_m s + 1}(T_d s + 1) \tag{2-4}$$

式中　K_m——测量元件和变送器放大倍数;

T_m——测量元件时间常数;

T_d——微分时间。

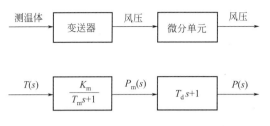

图 2-6 微分环节连接示意图

为了获得真实的测量值，可使 $T_d = T_m$，则

$$P(s) = K_m T(s) \tag{2-5}$$

由式(2-5)可见，引入微分环节后，变送器的输出信号与被控参数的变化成比例关系，从而克服了测温元件本身时间常数所引起的动态误差，获得了被控参数的真实值。

c. 正确选择安装位置　在自动控制系统中，以温度控制系统的测温元件和质量控制系统的采样装置所引起的测量滞后为最大，它与元件外围物料的流动状态、流体的性质和停滞层厚度有关，如果把测量元件安装在死角及容易挂料、结焦的地方，将大大增加测量滞后。因此，设计控制系统时，要正确选择测量点位置，测量点应选择在对被控参数的变化反应较灵敏的位置。

② 纯滞后　纯滞后往往是由测量元件的安装位置不当而引起的。在生产过程中，温度测量和成分分析最容易引起纯滞后。例如成分分析时，由于变送器与设备或管道相距较远，故纯滞后可达十几分钟，控制不及时，降低了控制质量。

微分作用对于纯滞后是无能为力的。为了克服纯滞后的影响，只有合理选择测量元件的安装位置。当单回路控制系统的测量引起的纯滞后较大时，就需设计其他控制方案。

③ 信息传送滞后　测量信息传送滞后，主要是指气压信号在管路中传送所造成的滞后。由于测量变送器和调节阀安装在现场设备上，而控制器在控制室内，它们之间可能有相当长的距离，因此就会产生气压信号的传送滞后。

由于滞后，测量信号不能及时送到控制器，控制器的输出信号也不能及时送到调节阀，系统的控制作用也不及时，降低了控制质量。工程上要求气压信号管路不能超过300m。

为了克服信号传送滞后，通常可采取以下措施：

a. 用气-电和电-气转换器将气压信号转换为电信号传送；

b. 在气压信号管路上设置气动继动器，或在终端设置气动阀门定位器，以增大输出功率，减少传送滞后。

(4) 控制规律的选择

控制器的控制规律有比例（P）、积分（I）、微分（D）及其组合。要正确选择控制规律，必须了解控制规律对系统过渡过程的影响。在具体选择时，应根据对象特性、负荷变化情况及生产工艺要求等，进行具体分析，还需考虑经济性与系统投运方便等。其原则如下。

① 根据 τ_0/T_0 的值来选择控制规律　当对象的数学模型可用下式近似描述时，即

$$G_o(s) = \frac{K_o}{T_0} e^{-\tau_0 s} \tag{2-6}$$

则控制器的控制规律可根据 τ_0/T_0 的值来选择：

当 $\tau_0/T_0 < 0.2$ 时，选用比例（P）或比例积分（PI）控制规律；

当 $0.2 < \tau_0/T_0 < 1.0$ 时，选用比例积分（PI）或比例积分微分（PID）控制规律；

当 $\tau_0/T_0 > 1.0$ 时，应设计串级控制、前馈控制等其他控制方案。

② 根据不同的对象特性来选择控制规律　目前工业上常用的控制规律主要有位式控制、比例控制、比例积分控制、比例微分控制和比例积分微分控制等。当对象不能用数学模型描述时，则控制器的控制规律可按下述情况来选择。

a. 位式控制　这是一种简单的控制方式，一般适用于对控制质量要求不高、被控对象是单容且容量较大、滞后较小、负荷变化不大也不太激烈、工艺允许被控参数波动范围较大的场合。

b. 比例控制　比例控制克服干扰能力强，控制及时，过渡时间短。在常用的控制规律中，比例控制是最基本的控制规律。但纯比例作用在过渡过程终了时存在余差，负荷变化越大，余差越大。比例作用适用于控制通道滞后较小、负荷变化不大、工艺允许被控参数存在余差的场合。

c. 比例积分控制　在比例作用的基础上引入积分作用，而积分作用的输出与偏差的积分成正比，只要偏差存在，控制器的输出就会不断变化，直至消除偏差为止。所以，虽然加上积分作用会使系统的稳定性降低，但系统在过渡过程结束时无余差，这是积分作用的优点。为保证系统的稳定性，在增加积分作用的同时，加大比例度，使系统的稳定性基本保持不变，但系统的超调量、振荡周期都会相应增大，过渡时间也会相应增加。比例积分作用适用于控制通道滞后较小、负荷变化不大、工艺不允许被控参数存在余差的场合。

d. 比例微分控制　由于引入了微分作用，它能反映偏差变化的速度，具有超前控制作用，这在被控对象具有较大滞后场合下将会有效地改善控制质量。但是对于滞后小、干扰作用频繁，以及测量信号中夹杂无法剔除的高频噪声的系统，应尽可能避免使用微分作用，因为它将会使系统产生振荡，严重时会使系统失控而发生事故。

e. 比例积分微分控制　比例积分微分控制综合了比例、积分、微分控制规律的优点，适用于容量滞后较大、负荷变化大、控制要求高的场合。

(5) 调节阀特性的选择

实践证明，许多系统不能正常运行的原因，往往发生在调节阀上。调节阀选得过大或过小，安装不符合要求等均会降低控制品质或造成系统失灵。

调节阀的选择，主要是流量特性的选择、流通能力的选择、结构形式的选择和开关形式的选择。具体选用时，应根据对象特性、负荷变化情况和生产工艺的要求，确定所需的形式和尺寸。

① 调节阀动态特性的选择　对于气动调节阀来说，常常将调节阀与传送管线作为一个整体来考虑。减小调节阀时间常数 T_V，应合理选用气体管路线的直径（如 $\phi 6 \times 1$，$\phi 8 \times 1$）；尽量缩短传送管线的距离；当气路管线较长时，可安装气动继动器或在调节阀附近安装阀门定位器。

② 调节阀流量特性的选择　根据被控对象特性来选择调节阀的工作流量特性，其目的是使对象特性总的放大系数为定值。若对象特性为线性时，可选用线性流量特性的调节阀；若对象为非线性时，应选用对数流量特性。

③ 调节阀气开、气关形式的选择　气开阀是指输入气压信号 $p > 0.02\text{MPa}$ 时，调节阀

开始打开,也就是说"有气"时阀打开。当输入气压信号 $p=0.1$MPa 时,调节阀全开。当气压信号消失或等于 0.02MPa 时,调节阀处于全关闭状态。

气关阀是指输入气压信号 $p>0.02$MPa 时,调节阀开始关闭,也就是说"有气"时阀关闭。当 $p=0.1$MPa 时,调节阀全关。当气压信号消失或等于 0.02MPa 时,调节阀处于全开状态。

由于执行机构有正、反两种作用形式,调节阀也有正装和反装两种形式,因此,调节阀气开、气关有四种组合形式。

对于一个具体的控制系统来说,究竟选气开阀还是气关阀,即在阀的气源信号发生故障或控制系统某环节失灵时,阀处于全开的位置安全还是处于全关的位置安全,要由具体的生产工艺来决定。经常根据以下几条原则进行选择。

a. 首先要从生产安全出发 即当气源供气中断,或控制器出故障而无输出,或调节阀膜片破裂而漏气等使调节阀无法正常工作,以致阀芯回复到无能源的初始状态(气开阀回复到全关,气关阀回复到全开),应能确保生产工艺设备的安全,不至于发生事故。如生产蒸汽的锅炉水位控制系统中的给水调节阀,为了保证发生上述情况时不至于把锅炉烧坏,调节阀应选气关式。

b. 从保证产品质量出发 当发生调节阀处于无能源状态而回复到初始位置时,不应降低产品的质量。如精馏塔回流量调节阀常采用气关式,一旦发生事故,调节阀全开,使生产处于全回流状态,防止不合格产品送出,从而保证塔顶产品的质量。

c. 从降低原料、成品、动力消耗来考虑 如控制精馏塔进料的调节阀就常采用气开式,一旦调节阀失去能源即处于全关状态,不再给塔进料,以免造成浪费。

d. 从介质的特点考虑 精馏塔塔釜加热蒸汽调节阀一般选气开式,以保证在调节阀失去能源时能处于全关状态,避免蒸汽的浪费。但是如果釜液是易凝、易结晶、易聚合的物料时,调节阀则应选气关式,以防调节阀失去能源时阀门关闭,停止蒸汽进入而导致釜内液体的结晶和凝聚。

(6)常规控制器正、反作用的选择

① 确定原则 控制器正、反作用形式取决于被控对象、调节阀、变送器等相关环节的静态放大系数的符号。过程控制系统要能够正常工作,则组成系统各个环节的静态放大系数相乘必须为负极性(即 $K_m K_o K_v K_c < 0$),即形成负反馈。

② 控制系统各环节放大系数符号的确定方法

a. 对象的正、负作用形式

对象正作用:对象的输入量(控制参数)增加(或减少),其输出量(被控参数)增加(或减少),$K_o > 0$。

对象负作用:对象的输入量(控制参数)增加(或减少),其输出量(被控参数)减少(或增加),$K_o < 0$。

b. 调节阀正、负作用形式

调节阀正作用:调节阀是气开式,$K_v > 0$。

调节阀负作用:调节阀是气关式,$K_v < 0$。

c. 控制器的正、负作用形式

控制器正作用:控制器测量值增加(或减少),其输出量亦增加(或减少),$K_c > 0$。

控制器反作用：控制器测量值增加（或减少），其输出量减少（或增加），$K_c<0$。

d. 变送器的作用形式　变送器的静态放大系数通常为正，即 $K_m>0$。

由控制系统各环节放大系数符号的确定方法，可以找出一个便于记忆的规律是：当输入量增加时，输出量也随着增加的环节，其放大系数为正极性；当输入量增加时，输出量随着减少的环节，其放大系数为负极性。

③ 控制器正、反作用的确定步骤　根据确定原则，$K_m K_o K_v K_c<0$ 时 K_c 的符号决定控制器的正、反作用，其确定步骤如下：

a. 先选择调节阀的气开、气关形式，确定 K_v 的符号；

b. 再根据对象的正、负，确定 K_o 的符号；

c. 最后，根据确定原则，确定 $K_m K_o K_v K_c<0$ 时 K_c 的符号，即确定了控制器的正、反作用形式。

控制器的正反作用，对于电动调节器，可以通过其正反作用选择开关来实现；对于气动调节器，可以调节换接板来改变其极性。

【例】水箱的流入量为 Q_1，流出量为 Q_2，工艺要求其液位稳定在某一数值，所以设计出图 2-7 所示的过程控制系统。试画出控制系统的原理框图，并确定控制器的正反作用。

解：①根据系统控制流程图，画出图 2-7 所示原理框图。图中，$G(s)$ 为控制器的传递函数；$G_v(s)$ 为调节阀的传递函数；$G_o(s)$ 为被控对象的传递函数，包括从测量变送器至调节阀的管道设备；$H_m(s)$ 为测量变送器的传递函数。

② 如图 2-7 所示，系统由 4 个环节组成。为了保证控制系统为负反馈，则组成该系统各个环节的静态放大系数极性相乘必须为正号。由于测量变送器的 K_m 通常为正，先确定 $G_v(s)$。当供气中断，要求调节阀关闭，可以避免液体介质的损失，故选 $G_v(s)$ 为气开式，即 K_v 取正；当输入量 Q_1 增大时，其被控参数 H 也增大，故被控对象为正，因而 K_o 取正。为保证 $K_o K_v K_c$ 的乘积为正号，则 K_c 应为正，即选反作用控制器。

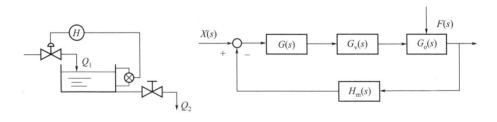

图 2-7　液位控制

2.1.3　控制器参数的整定方法

控制器参数的整定一般有两种方法：一种是理论计算法，即根据广义对象的数学模型和性能要求，用根轨迹法或频率特性法来确定控制器的相关参数；另一种方法是工程实验法，通过对典型输入响应曲线所得到的特征量，查照经验表，求得控制器的相关参数。

工程实验整定法有以下四种。

(1) 经验法

若将控制系统按照液位、流量、温度和压力等参数来分类，则属于同一类别的系统，其对象往往比较接近,所以无论是控制器形式还是所整定的参数,均可相互参考。表 2-1 为经验法整定参数的参考数据,在此基础上,对控制器的参数做进一步修正。若需加微分作用,微分时间常数按 $T_D=(1/4\sim 1/3)T_I$ 计算。

表 2-1 经验法整定参数

系统	参数		
	$\delta/\%$	T_I/min	T_D/min
温度	20~60	3~10	0.5~3
流量	40~100	0.1~1	—
压力	30~70	0.4~3	—
液位	20~80	—	—

(2) 临界比例度法

这种整定方法是在闭环情况下进行的。设 $T_I=\infty$,$T_D=0$,使控制器工作在纯比例情况下,将比例度由大逐渐变小,使系统的输出响应呈现等幅振荡,如图 2-8 所示。根据临界比例度 δ_K 和振荡周期 T_S,按表 2-2 所列的经验算式,求取控制器的参考参数值。这种整定方法是以得到 4:1 衰减为目标。

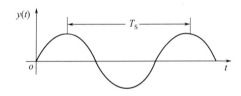

图 2-8 临界比例度法图形

表 2-2 临界比例度法整定控制器参数

控制器名称	参数		
	δ	T_I	T_D
P	$2\delta_K$	—	—
PI	$2.2\delta_K$	$T_S/1.2$	—
PID	$1.6\delta_K$	$0.5T_S$	$0.125T_S$

临界比例度法的优点是应用简单方便,但此法有一定限制。首先要产生允许被控参数能承受等幅振荡的波动,其次是被控对象应是二阶和二阶以上或具有纯滞后的一阶以上环节,否则在比例控制下,系统是不会出现等幅振荡的。在求取等幅振荡曲线时,应特别注意调节阀出现开、关的极端状态。

(3) 衰减曲线法(阻尼振荡法)

在闭环系统中,先把控制器设置为纯比例作用,然后把比例度由大逐渐减小,加阶跃扰动,观察输出响应的衰减过程,直至出现图 2-9 所示的 4:1 衰减过程为止。这时的比例度称为 4:1 衰减比例度,用 δ_S 表示之。相邻两波峰间的距离称为 4:1 衰减周期 T_S。根据 δ_S 和 T_S,运用表 2-3 所示的经验公式,就可计算出控制器预整定的参数值。

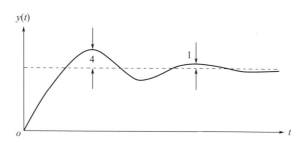

图 2-9　4∶1 衰减曲线法图形

表 2-3　衰减曲线法计算公式

名称	参数		
	δ	T_I	T_D
P	δ_S	—	—
PI	$1.2\delta_S$	$0.5T_S$	—
PID	$0.8\delta_S$	$0.3T_S$	$0.1T_S$

（4）动态特性参数法

所谓动态特性参数法，就是根据系统开环广义过程阶跃响应特性进行近似计算的方法，即根据本章中对象特性的阶跃响应曲线测试法，测得系统的动态特性参数（K、T、τ 等），利用表 2-4 所示的经验公式，计算出对应于衰减率为 4∶1 时控制器的相关参数。如果被控对象是一阶惯性环节，或具有很小滞后的一阶惯性环节，若用临界比例度法或阻尼振荡法（4∶1 衰减）就有难度，此时应采用动态特性参数法进行整定。

表 2-4　经验计算公式

名称	参数		
	δ	T_I	T_D
P	$\dfrac{K\tau}{T}\times 100\%$	—	—
PI	$1.1\dfrac{K\tau}{T}\times 100\%$	3.3τ	—
PID	$0.85\dfrac{K\tau}{T}\times 100\%$	2τ	0.5τ

2.1.4　思考题

① 试说明单回路控制系统的构成、主要特点及其应用场合，并说明系统设计的主要内容。

② 过程控制系统方案设计应包含哪些主要内容？

③ 选择被控参数时应遵循哪些基本原则？

④ 在选择控制参数时，为什么过程控制通道的静态放大系数 K_o 应适当大一些，而时间常数 T_o 应适当小一些？

⑤ 在设计过程控制系统时，怎样选择控制器的控制规律？怎样确定控制器的正、反作用方式和调节阀气开、气关形式？

2.2 单容液位定值控制系统实训

2.2.1 实训目的

① 了解单容液位定值控制系统的结构与组成。
② 掌握单容液位定值控制系统控制器参数的整定和投运方法。
③ 研究控制器相关参数的变化对系统静、动态性能的影响。
④ 了解 P、PI、PD 和 PID 四种控制器分别对液位控制的作用。
⑤ 掌握同一控制系统采用不同控制方案的实现过程。

2.2.2 实训设备

智能调节仪 1 块，水箱 2 个，电动调节阀 1 个，液位传感器 1 个，磁力泵 1 台，导线若干。

2.2.3 实训原理

该实训系统结构图和原理框图如图 2-10 所示。被控参数为中水箱（也可采用上水箱或下水箱）的液位高度，实训要求中水箱的液位稳定在给定值。将压力传感器 LT2 检测到的中水箱液位信号作为反馈信号，在与给定量比较后的差值通过控制器控制电动调节阀的开度，以达到控制中水箱液位的目的。为了实现系统在阶跃给定和阶跃扰动作用下的无静差控制，系统的控制器应为 PI 或 PID 控制。

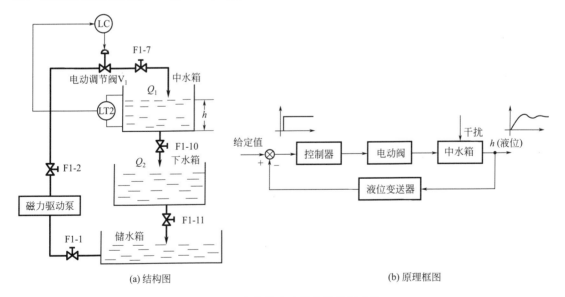

(a) 结构图　　　　　　　　　　　　　　(b) 原理框图

图 2-10　中水箱单容液位定值控制系统

2.2.4 实训内容与步骤

该实训选择中水箱作为被控对象。实训之前先将储水箱中储足水量，然后将阀门 F1-1、

F1-2、F1-7、F1-11全开，将中水箱出水阀门F1-10开至适当开度（20%～80%），其余阀门均关闭。

具体实训内容与步骤按三种方案分别叙述，这三种方案的实训与用户所购的硬件设备有关，可根据实训需要选做或全做。

(1) 智能仪表控制

① 将"SA-12智能调节仪控制"挂件挂到屏上，并将挂件的通信线插头插入屏内RS-485通信口上，将控制屏右侧RS-485通信线通过RS-485/232转换器连接到计算机串口1，并按照控制屏接线图（图2-11）连接实训系统。将"LT2中水箱液位"钮子开关拨到"ON"的位置。

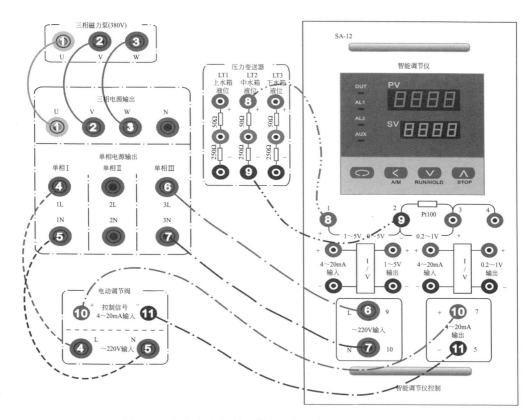

图2-11 智能仪表控制"单容液位定值控制"实训接线图

② 接通总电源空气开关和钥匙开关，打开24V开关电源，给压力变送器通电，按下启动按钮，合上单相Ⅰ、单相Ⅲ空气开关，给电动调节阀及智能仪表通电。

③ 打开上位机MCGS组态环境，打开"智能仪表控制系统"工程，然后进入MCGS运行环境，在主菜单中点击"实训三、单容液位定值控制"，进入"实训三"的监控界面。

④ 在上位机监控界面中点击"启动仪表"。将智能仪表设置为"手动"，并将设定值和输出值设置为一个合适的值，此操作可通过调节仪表实现。

⑤ 合上三相电源空气开关，磁力驱动泵通电打水，适当增加/减小智能仪表的输出量，使中水箱的液位平衡于设定值。

⑥ 按本章介绍的经验法或动态特性参数法整定控制器参数，选择PI控制规律，并按整

定后的 PI 参数进行控制器参数设置。

⑦ 待液位稳定于给定值后,将控制器切换到"自动"控制状态,待液位平衡后,通过以下几种方式加干扰:

a. 突增(或突减)仪表设定值的大小,使其有一个正(或负)阶跃增量的变化(此法推荐,后面三种仅供参考);

b. 将电动调节阀的旁路 F1-4(同电磁阀)开至适当开度;

c. 将下水箱进水阀 F1-8 开至适当开度(改变负载);

d. 接上变频器电源,并将变频器输出接至磁力泵,然后打开阀门 F2-1、F2-4,用变频器支路以较小频率给中水箱打水。

以上几种干扰均要求扰动量为控制参数的 5%～15%,干扰过大可能造成水箱中水溢出或系统不稳定。加入干扰后,水箱的液位便离开原平衡状态,经过一段调节时间后,水箱液位稳定至新的设定值(采用后面三种干扰方法仍稳定在原设定值),记录此时的智能仪表的设定值、输出值和仪表参数,液位的响应过程曲线如图 2-12 所示。

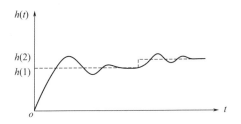

图 2-12 单容水箱液位的阶跃响应曲线

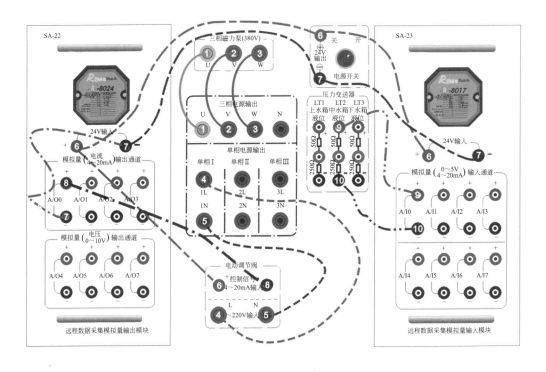

图 2-13 远程数据采集控制"单容液位定值控制"实训接线图

⑧ 分别适量改变调节仪的 P 及 I 参数，重复步骤⑦，用计算机记录不同参数下系统的阶跃响应曲线。

⑨ 分别用 P、PD、PID 三种控制规律重复步骤④～⑧，用计算机记录不同控制规律下系统的阶跃响应曲线。

(2) 远程数据采集控制

① 将"SA-22 远程数据采集模拟量输出模块"和"SA-23 远程数据采集模拟量输入模块"挂件挂到屏上，并将挂件上的通信线插头插入屏内 RS-485 通信口上，将控制屏右侧 RS-485 通信线通过 RS-485/232 转换器连接到计算机串口 1，并按照控制屏接线图 2-13 连接实训系统。将"LT2 中水箱液位"钮子开关拨到"ON"的位置。

② 接通总电源空气开关和钥匙开关，打开 24V 开关电源，给智能采集模块及压力变送器通电，按下启动按钮，合上单相Ⅰ空气开关，给电动调节阀通电。

③ 打开上位机 MCGS 组态环境，打开"远程数据采集系统"工程，然后进入 MCGS 运行环境，在主菜单中点击"实训三、单容液位定值控制"，进入"实训三"的监控界面。

④ 以下步骤可参考前面"(1) 智能仪表控制"的步骤④～⑨。

(3) S7-200 PLC 控制

① 将 SA-44 S7-200 PLC 控制挂件挂到屏上，并用 PC/PPI 通信电缆线将 S7-200 PLC 连接到计算机串口 1，并按照控制屏接线图图 2-14 连接实训系统。将"LT2 中水箱液位"钮子开关拨到"ON"的位置。

② 接通总电源空气开关和钥匙开关，打开 24V 开关电源，给压力变送器通电。按下启动按钮，合上单相Ⅰ、单相Ⅲ空气开关，给电动调节阀及 S7-200 PLC 通电。

③ 打开 Step7-Micro/WIN4.0 软件，并打开"S7-200 PLC"程序进行下载，将 S7-200 PLC 置于运行状态，然后运行 MCGS 组态环境。打开"S7-200 PLC 控制系统"工程，进入 MCGS 运行环境，在主菜单中点击"实训三、单容液位定值控制"，进入"实训三"的监控界面。

④ 以下步骤可参考前面"(1) 智能仪表控制"的步骤④～⑨。

2.2.5 实训报告要求

① 画出单容水箱液位定值控制实训的结构框图。
② 用实训方法确定控制器的相关参数，写出整定过程。
③ 根据实验数据和曲线，分析系统在阶跃扰动作用下的静、动态性能。
④ 比较不同 PID 参数对系统的性能产生的影响。
⑤ 分析 P、PI、PD、PID 四种控制规律对本实训系统的作用。
⑥ 综合分析三种控制方案的实训效果。

2.2.6 思考题

① 如果采用下水箱做实训，其响应曲线与中水箱的曲线有什么异同？并分析差异原因。
② 改变比例度 δ 和积分时间 T_I，对系统的性能将产生什么影响？

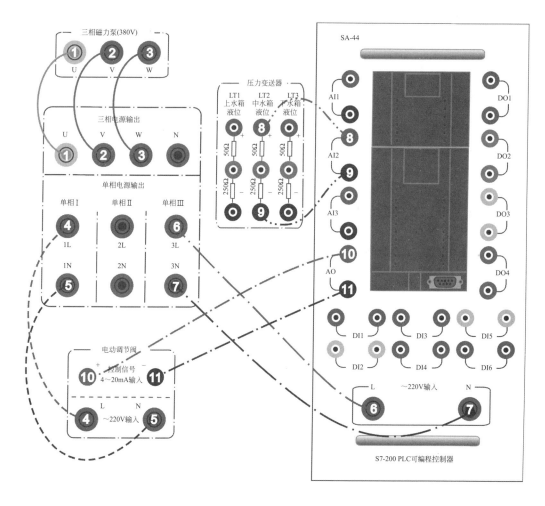

图 2-14 S7-200 PLC 控制"单容液位定值控制"实训接线图

2.3 双容水箱液位定值控制系统实训

2.3.1 实训目的

① 通过实训进一步了解双容水箱液位的特性。
② 掌握双容水箱液位控制系统控制器参数的整定与投运方法。
③ 研究控制器相关参数的改变对系统动态性能的影响。
④ 研究 P、PI、PD 和 PID 四种控制器分别对液位系统的控制作用。
⑤ 掌握双容液位定值控制系统采用不同控制方案的实现过程。

2.3.2 实训设备

智能调节仪 1 块，水箱 2 个，电动调节阀 1 个，液位传感器 1 个，磁力泵 1 台，导线若干。

2.3.3 实训原理

该实训以中水箱与下水箱串联作为被控对象，下水箱的液位为系统的被控参数。要求下水箱液位测量值稳定至给定值，将压力传感器 LT2 检测到的下水箱液位信号作为反馈信号，在与给定量比较后的差值通过控制器控制电动调节阀的开度，以达到控制下水箱液位的目的。为了实现系统在阶跃给定和阶跃扰动作用下的无静差控制，系统的控制器应为 PI 或 PID 控制。控制器的参数整定可采用本章所述任意一种整定方法。该实训系统结构图和原理框图如图 2-15 所示。

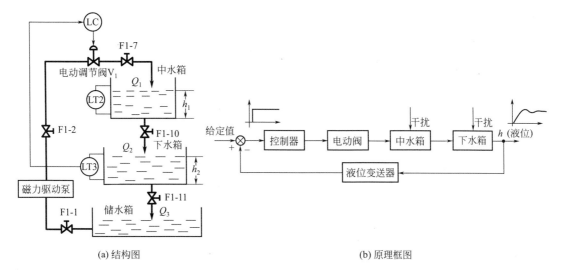

图 2-15 双容液位定值控制系统

2.3.4 实训内容与步骤

该实训选择中水箱和下水箱串联作为双容对象（也可选择上水箱和中水箱）。实训之前先将储水箱中储足水量，然后将阀门 F1-1、F1-2、F1-7 全开，将中水箱出水阀门 F1-10 开至适当开度（40%～90%），下水箱出水阀门 F1-11 开至适当开度（30%～80%，要求阀 F1-10 稍大于阀 F1-11），其余阀门均关闭。

具体实训内容与步骤可根据该实训的目的与原理，参照前一节"单容液位定值控制"中的相应方案进行。实训的接线与前一节单容对象特性测试的接线图完全一样。值得注意的是手自动切换的时间为：当中水箱液位基本稳定不变（一般约为 3～5cm）且下水箱的液位趋于给定值时切换为最佳。

2.3.5 实训报告要求

① 画出双容水箱液位定值控制实训的结构框图。
② 用实训方法确定控制器的相关参数，写出整定过程。
③ 根据实训数据和曲线，分析系统在阶跃扰动作用下的静、动态性能。
④ 比较不同 PI 参数对系统的性能产生的影响。
⑤ 分析 P、PI、PD、PID 四种控制方式对该实训系统的作用。

⑥ 综合分析三种控制方案的实训效果。

2.3.6 思考题

① 如果采用上水箱和中水箱做实训，其响应曲线与本实训的曲线有什么异同？并分析差异原因。

② 改变比例度 δ 和积分时间 T_I，对系统的性能将产生什么影响？

③ 为什么该实训比"单容液位定值控制"更容易引起振荡？要达到同样的动态性能指标，在该实训中控制器的比例度和积分时间常数要怎么设置？

2.4 三容水箱液位定值控制系统实训

2.4.1 实训目的

① 了解三容水箱液位定值控制系统的结构和组成。
② 掌握三阶系统控制器参数的整定与投运方法。
③ 研究控制器相关参数的变化对系统静、动态性能的影响。
④ 研究 P、PI、PD、PID 四种控制方式对该实训系统的作用。
⑤ 掌握三容液位定值控制系统采用不同控制方案的实现过程。

2.4.2 实训设备

智能调节仪 1 块，水箱 3 个，电动调节阀 1 个，液位传感器 1 个，磁力泵 1 台，导线若干。

2.4.3 实训原理

该实训系统结构图和原理框图如图 2-16 所示。该实训以上、中、下 3 只水箱串联作为被控对象，下水箱的液位为系统的被控参数。由上一节双容特性测试实训可推知，三容对象是一个三阶系统，可用 3 个惯性环节来描述。该实训要求下水箱液位稳定至给定量，将压力传感器 LT3 检测到的下水箱液位信号作为反馈信号，与给定量比较后的差值通过控制器控制电动调节阀的开度，以达到控制下水箱液位的目的。为了实现系统在阶跃给定和阶跃扰动作用下的无静差控制，系统的控制器应为 PI 或 PID 控制。控制器的参数整定可采用本章所述任意一种整定方法。

2.4.4 实训内容与步骤

该实训选择上、中、下 3 只水箱串联组成三容对象（三阶系统）。实训之前先将储水箱中储足水量，然后将阀门 F1-1、F1-2、F1-6 全开，将上水箱出水阀门 F1-9 开至适当开度（50%～90%），中水箱出水阀门 F1-10 开至适当开度（40%～80%），下水箱出水阀门 F1-11 开至适当开度（30%～70%，要求阀门开度 F1-9＞F1-10＞F1-11），其余阀门均关闭。

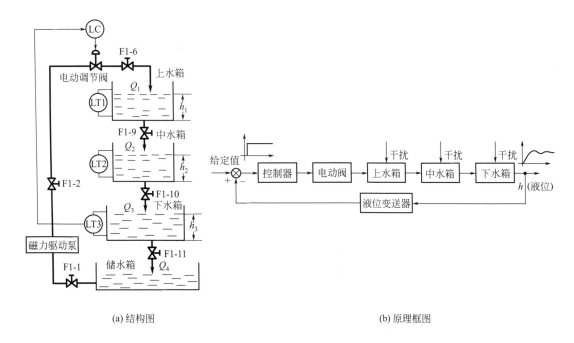

图 2-16 三容液位定值控制系统

具体实训内容与步骤可根据该实训的目的与原理，参照本章"单容液位定值控制"中的相应方案进行。实训的接线与单容对象特性测试的接线图完全一样。值得注意的是手自动切换的时间为：当上、中水箱液位基本稳定不变（一般约为 3～5cm）且下水箱的液位趋于给定值时切换为最佳。

2.4.5 实训报告要求

① 画出三容水箱液位定值控制实训的结构框图。
② 用实训方法确定控制器的相关参数，并写出整定过程。
③ 根据实验数据和曲线，分析三阶系统在阶跃扰动作用下的静、动态性能。
④ 比较在相同的阶跃扰动下不同 PID 参数对系统性能产生的影响。
⑤ 比较在相同的 PID 参数下，阶跃扰动作用在不同位置对系统性能产生的影响。
⑥ 分析 P、PI、PD、PID 四种控制方式对该实训系统的作用。
⑦ 综合分析三种控制方案的实训效果。

2.4.6 思考题

① 为什么对 3 个水箱的出水阀开度大小要求不同？
② 改变比例度 δ 和积分时间 T_I，对系统的性能将产生什么影响？
③ 如果在相同阶跃信号作用下，要求系统的被控参数具有与前面两个实训完全相同的动态性能指标，该实训中控制器的 PID 参数应如何设置？

2.5 锅炉内胆水温定值控制系统实训

2.5.1 实训目的

① 了解单回路温度控制系统的组成与工作原理。
② 研究 P、PI、PD 和 PID 四种控制器分别对温度系统的控制作用。
③ 了解 PID 参数自整定的方法及其参数整定在整个系统中的重要性。
④ 研究锅炉内胆动态水温与静态水温在控制效果上的不同之处。

2.5.2 实训设备

智能调节仪 1 块，模拟锅炉夹套加热设备 1 个，电加热管 3 个，温度传感器 1 个，三相移相调压模块 1 个，导线若干。

2.5.3 实训原理

该实训以锅炉内胆作为被控对象，内胆的水温为系统的被控参数。该实训要求锅炉内胆的水温稳定至给定量，将铂电阻检测到的锅炉内胆温度信号 TT1 作为反馈信号，在与给定量比较后的差值，通过控制器控制三相调压模块的输出电压（即三相电加热管的端电压），以达到控制锅炉内胆水温的目的。在锅炉内胆水温的定值控制系统中，其参数的整定方法与其他单回路控制系统一样，但由于加热过程容量时延较大，所以其控制过渡时间也较长，系统的控制器可选择 PD 或 PID 控制。该实训系统结构图和原理框图如图 2-17 所示。

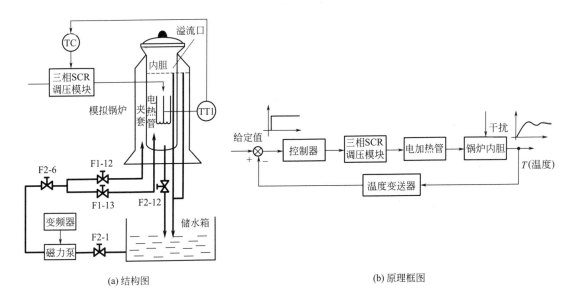

图 2-17 锅炉内胆温度特性测试系统

可以采用两种方案对锅炉内胆的水温进行控制：
① 锅炉夹套不加冷却水（静态）；

② 锅炉夹套加冷却水（动态）。

显然，两种方案的控制效果是不一样的，后者比前者的升温过程稍慢，降温过程稍快，过渡过程时间稍短。

2.5.4 实训内容与步骤

该实训选择锅炉内胆水温作为被控对象，实训之前将储水箱中储足水量，然后将阀门 F2-1、F2-6、F1-13 全开，将锅炉出水阀门 F2-12 关闭，其余阀门也关闭。将变频器输出 A、B、C 三端连接到三相磁力驱动泵（220V），打开变频器电源并手动调节其频率，给锅炉内胆储一定的水量（要求至少高于液位指示玻璃管的红线位置），然后关闭阀 F1-13，打开阀 F1-12，为给锅炉夹套供冷水做好准备。

具体实训内容与步骤按三种方案分别叙述，这三种方案的实训与用户所购的硬件设备有关，可根据实训需要选做或全做。

(1) 智能仪表控制

① 将 SA-11、SA-12 挂件挂到屏上，并将挂件的通信线插头插入屏内 RS-485 通信口上，将控制屏右侧 RS-485 通信线通过 RS-485/232 转换器连接到计算机串口 1，并按照实训接线图 2-18 连接实训系统。

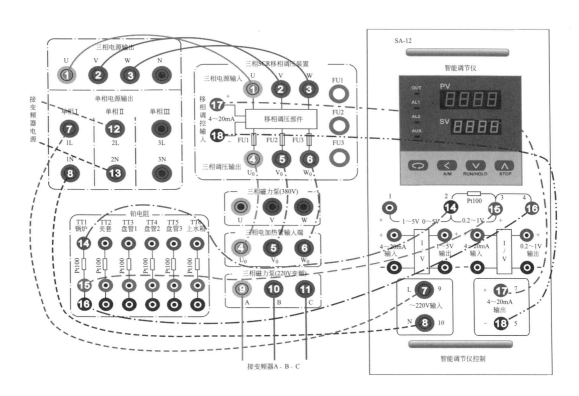

图 2-18 智能仪表控制"锅炉内胆水温定值控制"实训接线图

② 接通总电源空气开关和钥匙开关，按下启动按钮，合上单相Ⅰ空气开关，给智能仪表通电。

③ 打开上位机 MCGS 组态环境，打开"智能仪表控制系统"工程，然后进入 MCGS 运

行环境,在主菜单中点击"实训六、锅炉内胆水温定值控制",进入"实训六"的监控界面。

④ 将智能仪表设置为"手动",并将输出值设置为一个合适的值(50%~70%),此操作可通过调节仪表实现。

⑤ 合上三相电源空气开关,三相电加热管通电加热,适当增加/减小智能仪表的输出量,使锅炉内胆的水温平衡于设定值。

⑥ 按本章的经验法或动态特性参数法整定控制器参数,选择 PID 控制规律,并按整定后的 PID 参数进行控制器参数设置。

⑦ 待锅炉内胆水温稳定于给定值时,将控制器切换到"自动"状态,待水温平衡后,突增(或突减)仪表设定值的大小,使其有一个正(或负)阶跃增量的变化(即阶跃干扰,此增量不宜过大,一般以设定值的 5%~15% 为宜),于是锅炉内胆的水温便离开原平衡状态,经过一段调节时间后,水温稳定至新的设定值,记录此时智能仪表的设定值、输出值和仪表参数。内胆水温的响应过程曲线将如图 2-19 所示。

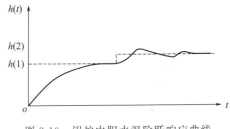

图 2-19 锅炉内胆水温阶跃响应曲线

⑧ 适量改变调节仪的 PID 参数,重复步骤⑦,用计算机记录不同参数时系统的响应曲线。

⑨ 打开变频器电源开关,给变频器通电,将变频器设置在适当的频率(19Hz 左右),变频器支路开始往锅炉夹套打冷水,重复步骤④~⑧,观察实训的过程曲线与前面不加冷水的过程有何不同。

⑩ 分别采用 P、PI、PD 控制规律重复实训,观察在不同的 PID 参数值下系统的阶跃响应曲线。

(2) 远程数据采集控制

① 将 SA-21 挂件、SA-22 挂件挂到屏上,并将挂件上的通信线插头插入屏内 RS-485 通信口上,将控制屏右侧 RS-485 通信线通过 RS-485/232 转换器连接到计算机串口 1,并按照实训接线图图 2-20 连接实训系统。

② 接通总电源空气开关和钥匙开关,打开 24V 开关电源,给智能采集模块通电,按下启动按钮。

③ 打开上位机 MCGS 组态环境,打开"远程数据采集系统"工程,然后进入 MCGS 运行环境,在主菜单中点击"实训六、锅炉内胆水温定值控制",进入"实训六"的监控界面。

④ 以下步骤可参考前面"(1) 智能仪表控制"的步骤④~⑩。

(3) S7-200 PLC 控制

① 将"SA-12 智能仪表控制"和"SA-44 S7-200 PLC 控制"挂件挂到屏上,并用 PC/PPI 通信电缆线将 S7-200 PLC 连接到计算机串口 1,并按照实训接线图图 2-21 连接实训系

统。将"LT2中水箱液位"钮子开关拨到"ON"的位置。该实训需用 SA-12 作温度变送器,其仪表参数设置为:Ctrl=0,Sn=21,DIL=0,DIH=100。

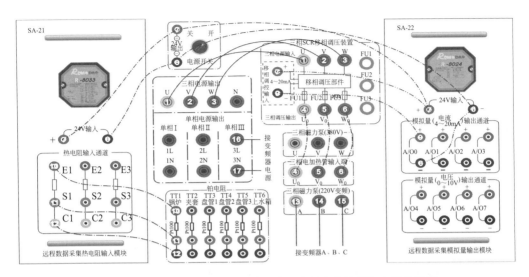

图 2-20 远程数据采集控制"锅炉内胆水温定值控制"实训接线图

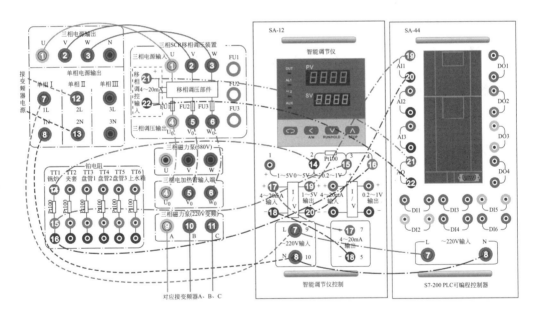

图 2-21 S7-200 PLC 控制"锅炉内胆水温定值控制"实训接线图

② 接通总电源空气开关和钥匙开关,按下启动按钮,合上单相Ⅰ、单相Ⅱ空气开关,给 S7-200 PLC 及变频器通电。

③ 打开 Step 7-Micro/WIN 4.0 软件,并打开"S7-200 PLC"程序进行下载,将 S7-200 PLC 置于运行状态,然后运行 MCGS 组态环境。打开"S7-200 PLC 控制系统"工程,进入 MCGS 运行环境,在主菜单中点击"实训六、锅炉内胆水温定值控制",进入"实训六"的监控界面。

④ 以下步骤可参考前面"(1)智能仪表控制"的步骤④~⑩。

2.5.5 实训报告要求

① 画出锅炉内胆水温定值控制实训的结构框图。
② 用实训方法确定控制器的相关参数,写出整定过程。
③ 根据实训数据和曲线,分析系统在阶跃扰动作用下的静、动态性能。
④ 比较不同 PID 参数对系统性能产生的影响。
⑤ 分析 P、PI、PD、PID 四种控制方式对该实训系统的作用。

2.5.6 思考题

① 在温度控制系统中,为什么用 PD 和 PID 控制,系统的性能并不比用 PI 控制时有明显的改善?
② 在温度控制系统中,为什么内胆动态水的温度控制比静态水时的温度控制更容易稳定,动态性能更好?

2.6 锅炉夹套水温定值控制系统实训

2.6.1 实训目的

① 了解单回路温度控制系统的组成与工作原理。
② 了解 PID 参数自整定的方法及参数整定在整个系统中的重要性。
③ 研究控制器相关参数的改变对温度控制系统动态性能的影响。
④ 研究锅炉夹套水温控制与锅炉内胆动态水温控制的控制效果。

2.6.2 实训设备

智能调节仪 1 块,模拟锅炉夹套加热设备 1 个,电加热管 3 个,温度传感器 1 个,三相移相调压模块 1 个,导线若干。

2.6.3 实训原理

该实训系统结构图和原理框图如图 2-22 所示。该实训以锅炉夹套作为被控对象,夹套的水温为系统的被控参数。该实训要求锅炉夹套的水温稳定至给定值,将铂电阻检测到的锅炉夹套温度信号 TT2 作为反馈信号,与给定量比较后的差值,通过控制器控制三相调压模块的输出电压(即三相电加热管的端电压),以达到控制锅炉夹套水温的目的。在锅炉夹套水温的定值控制系统中,其参数的整定方法与其他单回路控制系统一样,但由于锅炉夹套的温度升降是通过锅炉内胆的热传导来实现的,所以夹套温度的加热过程容量时延非常大,其控制过渡时间也较长,系统的控制器可选择 PD 或 PID 控制。实训中用变频器支路以固定的小流量给锅炉内胆供循环水,以加快冷却。

2.6.4 实训内容与步骤

该实训选择锅炉夹套水温作为被控对象。实训之前先将储水箱中储足水量,然后将阀门

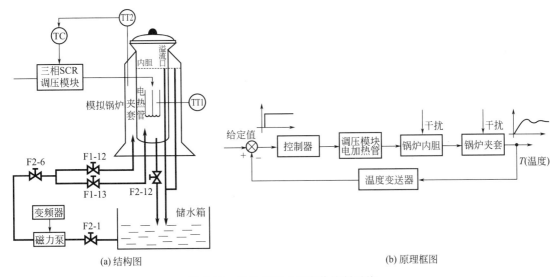

图 2-22 锅炉夹套水温定值控制系统

F2-1、F2-6、F1-12、F1-13 全开,将锅炉出水阀门 F2-12 关闭,其余阀门都关闭。将变频器 A、B、C 三端连接到三相磁力驱动泵(220V),打开变频器电源并手动调节变频器频率,给锅炉内胆和夹套储满水,然后关闭变频器,关闭阀 F1-12,打开阀 F1-13,为给锅炉内胆供冷水做好准备。

具体实训内容与步骤可根据该实训的目的与原理,参照前一节"锅炉内胆水温定值控制"中相应方案进行,实训的接线可按照图 2-23~图 2-25 连接。

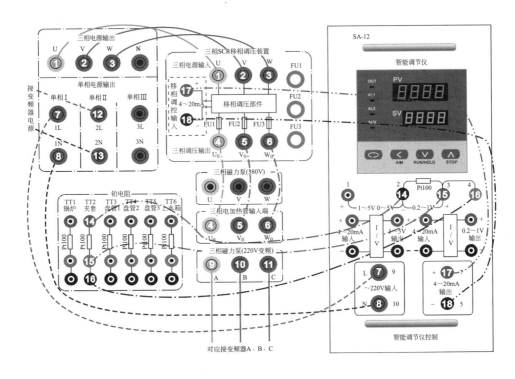

图 2-23 仪表控制"锅炉夹套水温定值控制"实训接线图

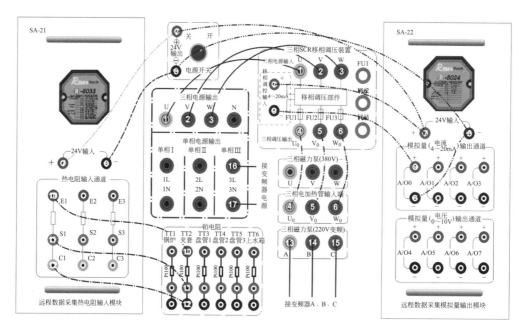

图 2-24　远程数据采集控制"锅炉夹套水温定值控制"实训接线图

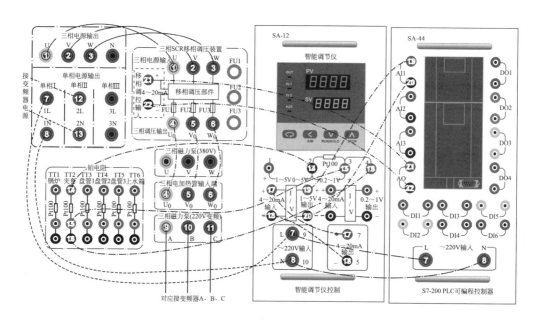

图 2-25　S7-200PLC 控制"锅炉夹套水温定值控制"实训接线图

2.6.5　实训报告要求

① 画出锅炉夹套水温定值控制实训的结构框图。
② 用实训方法控制控制器的相关参数，写出整定过程。
③ 根据实训数据和曲线，分析系统在阶跃扰动作用下的静、动态性能。
④ 比较不同 PI 参数对系统性能产生的影响。
⑤ 分析 P、PI、PD、PID 四种控制方式对该实训系统的作用。

⑥ 综合分析三种控制方案的实训效果。

2.6.6 思考题

① 在夹套温度控制系统中，为什么用 PD 和 PID 控制，系统的性能并不比用 PI 控制时有明显的改善？

② 在夹套温度控制系统中，为什么内胆动态水的温度控制比静态水时的温度控制更容易稳定，动态性能更好？

2.7 单闭环流量定值控制系统实训

2.7.1 实训目的

① 了解单闭环流量控制系统的结构组成与原理。
② 掌握单闭环流量控制系统控制器参数的整定方法。
③ 研究控制器相关参数的变化对系统静、动态性能的影响。
④ 研究 P、PI、PD 和 PID 四种控制分别对流量系统的控制作用。
⑤ 掌握同一控制系统采用不同控制方案的实现过程。

2.7.2 实训设备

智能调节仪 1 块，水箱 1 个，电动调节阀 1 个，流量传感器 1 个，磁力泵 1 台，导线若干。

2.7.3 实训原理

该实训系统结构图和原理框图如图 2-26 所示。被控参数为电动调节阀支路（也可采用变频器支路）的流量，实训要求电动阀支路流量稳定至给定值。将涡轮流量计 FT1 检测到的流量信号作为反馈信号，并与给定量比较，其差值通过控制器控制电动调节阀的开度，以达到控制管道流量的目的。为了实现系统在阶跃给定和阶跃扰动作用下的无静差控制，系统的控制器应为 PI 控制，并且在实训中 PI 参数设置要比较大。

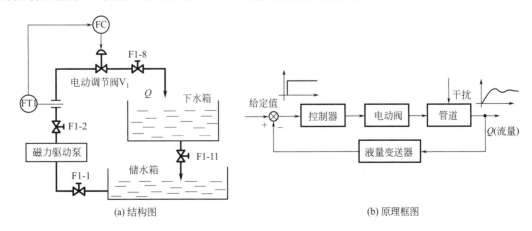

图 2-26 单闭环流量定值控制系统

2.7.4 实训内容与步骤

该实训选择电动阀支路流量作为被控对象。实训之前先将储水箱中储足水量,然后将阀门 F1-1、F1-2、F1-8、F1-11 全开,其余阀门均关闭。将"FT1 电动阀支路流量"钮子开关拨到"ON"的位置。

具体实训内容与步骤可根据该实训的目的与原理,参照前面的单闭环定值控制中相应方案进行,下面只给出实训的接线图,见图 2-27～图 2-29。

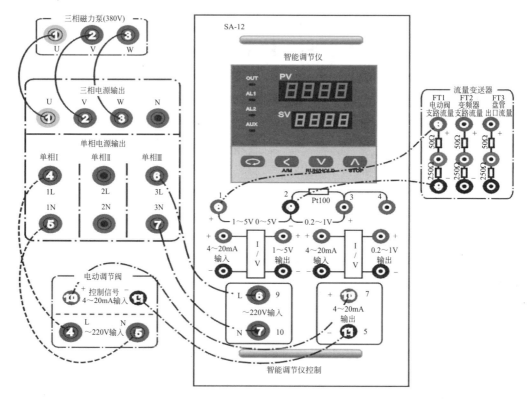

图 2-27 智能仪表控制"单闭环流量定值控制"实训接线图

2.7.5 实训报告要求

① 画出单闭环流量定值控制实训的结构框图。
② 用实训方法确定控制器的相关参数,写出整定过程。
③ 根据实训数据和曲线,分析系统在阶跃扰动作用下的静、动态性能。
④ 比较不同 PI 参数对系统的性能产生的影响。
⑤ 分析 P、PI、PD、PID 四种控制方式对该实训系统的作用。
⑥ 综合分析三种控制方案的实训效果。

2.7.6 思考题

① 如果采用变频器支路做实训,其响应曲线与电动阀支路的曲线有什么异同?并分析差异的原因。
② 改变比例度 δ 和积分时间 T_I 对系统的性能将产生什么影响?

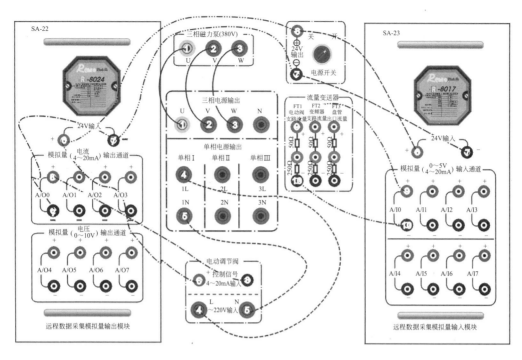

图 2-28 远程数据采集控制"单闭环流量定值控制"实训接线图

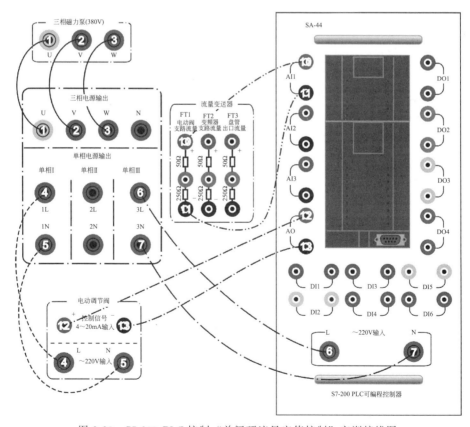

图 2-29 S7-200 PLC 控制"单闭环流量定值控制"实训接线图

③ 在该实训中为什么采用 PI 控制规律而不用纯 P 控制规律？

第3章 温度位式控制系统知识及实训

3.1 位式控制的基础知识

3.1.1 位式控制基本概念

控制系统中最简单的控制规律就是位式控制。说到位式控制，可以说几乎所有的人都使用过，家中开关电灯就是个位式控制的过程，其基本思想和生产过程中使用的位式控制是一样的。位式控制就是决定一个被控参数的给定值，然后根据实际值与给定值的偏差符号，来决定控制参数两种状态选取的工作过程。位式控制的控制动作就是"开"和"关"两种状态的交替。

位式控制又称通断式控制，是将测量值与设定值的差值经放大处理后，对被控对象进行开或关控制的调节。位式控制又分二位式控制和三位式控制，分别介绍如下。

① 二位式控制　是指用一个开关量控制负载的方式，具有接线简单、可靠性高、成本低廉的优点，应用场合十分广泛。

② 三位式控制　是指用两个开关量分别控制两个负载，一般情况下一个设置为主控，另一个为副控，是为了克服二位式控制产生的调节速度与过冲量之间的矛盾而发展的一种控制方式。

位式控制是比例控制的特例，当比例控制的比例度设定为0%，便成了一个位式控制仪表。位式控制系统的应用是很广泛的，如空气储罐的压力控制、恒温箱及电加热炉的温度控制等。在生产过程中实现位式控制是比较简单的，凡是有上、下限触点的仪表，如电接点压力表，有电接点输出的双金属温度计、显示仪、记录仪等，都可以用来进行位式控制，再配合中间继电器、电磁阀、电动调节阀等，可以很方便地构成位式控制系统。

位式控制系统结构简单、成本低，不仅可用于广大中小型企业，大型企业也可应用。它特别适合用于延时小、时间常数大的加热对象。

3.1.2 温度位式控制系统

温度位式控制系统在温度低于设定下限参数时，开启加热设备，设备满功率运行；当温度高于设定上限参数时，关闭加热设备，完全停止加热。温度在下限与上限之间缓慢波动。位式控制温度有波动，设备启动、停止较频繁，但是，其控制简单，可靠性高，设备成本低，故应用广泛。

3.1.3 思考题

① 位式控制的优缺点有哪些？
② 位式控制主要适用于哪些控制场合？

3.2 锅炉内胆水温位式控制系统实训

3.2.1 实训目的

① 了解温度位式控制系统的结构与组成。
② 掌握位式控制系统的工作原理及其调试方法。
③ 了解位式控制系统的品质指标和参数整定方法。
④ 研究锅炉内胆水温定值控制与位式控制的控制效果的不同之处。

3.2.2 实训设备

智能调节仪1块，模拟锅炉夹套加热设备1个，电加热管3个，温度传感器1个，模块1个，导线若干。

3.2.3 实训原理

本实训系统结构图和原理框图如图3-1所示。本实训系统的被控对象为锅炉内胆，被控参数为内胆的水温。由于实训系统中用到的控制器输出只有"开"或"关"两种极限的工作状态，故称这种控制器为二位式控制器。温度变送器把铂电阻TT1检测到的锅炉内胆温度信号转换为反馈电压U_i。它与二位式控制器设定的上限输入U_{max}和下限输入U_{min}比较，从而决定二位式控制器输出继电器的闭合或断开，即控制位式接触器的接通与断开。

图3-2为位式控制器的输入-输出特性。

由图3-2可见，当被控制的锅炉水温T减小到小于设定下限值时，即$U_i \leqslant U_{min}$时，位式控制器的继电器闭合，交流接触器接通，使电热管接通三相380V电源进行加热（图3-1）。随着水温T的增高，U_i也不断增大，当增大到大于设定上限值时，即$U_i \geqslant U_{max}$时，则位式控制器的继电器断电，交流接触器随之断开，切断电热管的供电。由于这种控制方式是断续的二位式控制，故只适用于对控制质量要求不高的场合。

位式控制系统的输出是一个断续控制作用下的等幅振荡过程，因此不能用连续控制作用

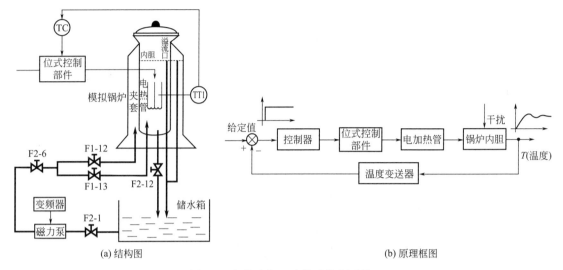

图 3-1　锅炉内胆温度位式控制系统

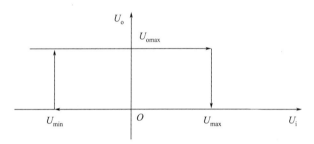

图 3-2　位式控制器的输入-输出特性

U_o—位式控制器的输出；U_i—位式控制器的输入；

U_{max}—位式控制器的上限输入；U_{min}——位式控制器的下限输入

下的衰减振荡过程的温度品质指标来衡量，而用振幅和周期作为控制品质的指标。一般要求振幅小、周期长。然而对于同一个位式控制系统来说，若要振幅小，则周期必然短；若要周期长，则振幅必然大。因此可通过合理选择中间区以使振幅保持在限定范围内，而又尽可能获得较长的周期。

3.2.4　实验内容与步骤

本实训系统选择锅炉内胆水温作为被控对象，实训之前先将储水箱中储足水量，然后将阀门 F2-1、F2-6、F1-13 全开，将锅炉出水阀门 F2-12 关闭，其余阀门也关闭。将变频器 A、B、C 三端连接到三相磁力泵（220V），打开变频器电源并手动调节其频率，给锅炉内胆储一定的水量（要求至少高于液位指示玻璃管连通器的红线位置），然后关闭阀门 F1-13，打开阀门 F1-12，为给锅炉夹套供冷水做好准备。

具体实验内容与步骤按三种方案分别叙述，这三种方案的实训与用户所购的硬件设备有关，可根据实训需要选做或全做。

（1）智能仪表控制

① 将 SA-13 挂件挂到屏上，并将挂件的通信线插头插入屏内 RS-485 通信口上，将控制

屏右侧 RS-485 通信线通过 RS-485/232 转换器连接到计算机串口 1，并按照控制屏接线图图 3-3 连接实训系统。

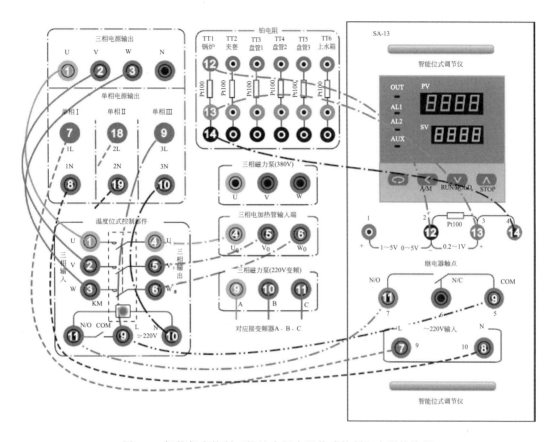

图 3-3 智能仪表控制"锅炉内胆水温位式控制"实训接线图

② 接通总电源空气开关和钥匙开关，按下启动按钮，合上单相Ⅰ空气开关，给智能仪表通电，打开变频器电源开关，给变频器通电，将变频器设置在适当的频率，变频器支路开始往锅炉夹套进冷却水。

③ 打开上位机 MCGS 组态环境，打开"智能仪表控制系统"工程，然后进入 MCGS 运行环境，在主菜单中点击"实训九、锅炉内胆水温位式控制"，进入"实训九"的监控界面。

④ 在上位机监控界面中设置好仪表的设定值和回差（即 DF 参数）。此操作也可通过调节仪表实现。

⑤ 合上单相Ⅲ和三相电源空气开关，接触器触点闭合，三相电加热管通电加热，锅炉内胆的水温开始上升，观察上位机记录的温度响应曲线。

⑥ 待锅炉内胆水温稳定于设定范围时，突增（或突减）仪表设定值的大小，使其有一个正（或负）阶跃增量的变化（即阶跃干扰，此增量不宜过大，一般为设定值的 5%～15% 为宜），于是锅炉内胆的水温便离开原平衡状态，经过一段调节时间后，水温稳定至新的设定值范围，水温的响应过程曲线如图 3-4 所示。

⑦ 适量改变调节仪的 DF 参数（一般不宜过大，3～10 为佳），重复步骤⑥，用计算机记录不同 DF 参数时系统的响应曲线。

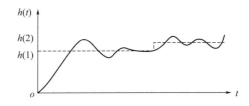

图 3-4 锅炉内胆水温阶跃响应曲线

（2）远程数据采集控制

① 将 SA-21 挂件、SA-22 挂件挂到屏上，并将挂件上的通信线插头插入屏内 RS-485 通信口上，将控制屏右侧 RS-485 通信线通过 RS-485/232 转换器连接到计算机串口 1，并按照控制屏接线图（图 2-20）连接实训系统。

② 接通总电源空气开关和钥匙开关，打开 24V 开关电源，给智能采集模块上电，按下启动按钮，打开变频器电源开关，给变频器上电，将变频器设置在适当的频率，变频器支路开始往锅炉夹套进冷却水。

③ 打开上位机 MCGS 组态环境，打开"远程数据采集系统"工程，然后进入 MCGS 运行环境，在主菜单中点击"实训九、锅炉内胆水温位式控制"，进入"实训九"的监控界面。

④ 以下步骤请参考前面"（1）智能仪表控制"的步骤④～⑦。

（3）S7-200PLC 控制

① 将"SA-12 智能仪表控制""SA-44 S7-200PLC 控制"挂件挂到屏上，并用 PC/PPI 通信电缆线将 S7-200PLC 连接到计算机串口 1，并按照控制屏接线图（图 2-21）连接实训系统。将"LT2 中水箱液位"钮子开关拨到"ON"的位置。本实训需用 SA-12 作温度变送器，其仪表参数设置为：CtrL=0，Sn=21，DIL=0，DIH=100。

② 接通总电源空气开关和钥匙开关，按下启动按钮，合上单相Ⅰ、单相Ⅱ空气开关，给 S7-200PLC 及变频器通电。

③ 打开 Step 7-Micro/WIN 4.0 软件，并打开"S7-200PLC"程序进行下载，然后将 S7-200PLC 置于运行状态，然后运行 MCGS 组态环境，打开"S7-200PLC 控制系统"工程，然后进入 MCGS 运行环境，在主菜单中点击"实训九、锅炉内胆水温位式控制"，进入"实训九"的监控界面。

④ 以下步骤请参考前面"（1）智能仪表控制"的步骤④～⑦。

3.2.5 实训报告要求

① 画出锅炉内胆水温位式控制实训的结构框图。

② 试论述温度位式控制的优缺点。

③ 根据实训数据和曲线，分析系统在阶跃扰动作用下的静、动态性能。

④ 综合分析三种控制方案的实训效果。

3.2.6 思考题

① 温度位式控制系统与连续的 PID 控制系统有什么区别？
② 温度位式控制系统会不会产生发散振荡？

第4章 串级控制系统知识及实训

4.1 串级控制系统的引入

4.1.1 课程导引——实验系统与工业系统的差别

通过前面章节的学习，应该对单回路的液位控制技术有了较全面的认识，掌握了常用控制仪表的使用技术，并能对控制系统实施合理的集成与调试。结合电加热锅炉恒温供水控制系统的开发与实施，已基本解决了液位控制问题，如图 4-1 所示。

(a) 实际锅炉工艺流程及控制系统　　　　(b) 实验装置工艺流程及控制系统

图 4-1　两种工艺流程和控制系统

但是应注意到以下两个问题。

① 实验中的液位控制系统其工艺流程不同于实际，导致了自动控制装置的作用方式相反：实验中的工艺要求是液位增高时，应开大出水量；而实际锅炉的工艺要求则是液位增高时，应减小进水量。

② 实际锅炉运行的工艺条件不同于实验装置，有不少干扰。首先是进水管路较长，进水量大大地小于锅炉的储藏容积，造成控制滞后、被控对象的时间常数增大、调节时间加长；其次是进水量经常波动，导致液位较大幅度变化，控制精度不高。

为了在实验中尽量模仿实际工艺条件，突出问题的本质，在本项目学习中采用了双容的液位控制，以进一步增强学生的技术应用能力。

4.1.2 实践体验——单回路控制系统的不足

(1) 实验任务

① 以中水箱的液位控制为目标，组成如图 4-2 所示的单回路控制系统。工艺流程为：水泵打水先进入上水箱，经上水箱的出水阀流入中水箱（由于控制参数水量需经过两个水箱才能对中水箱的液位进行调节，也称双容控制系统）。按照单回路参数整定方法对控制器的参数进行整定，并正确地投入运行。

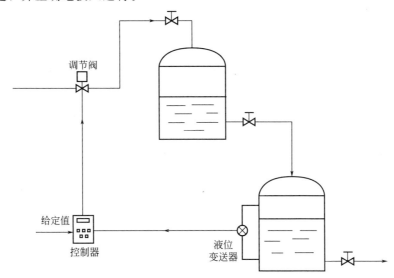

图 4-2 双容液位定值控制系统

② 当系统投入正常运行后，对电动调节阀的进水量加 10% 左右的干扰，仔细观察系统调试过程与结果。重复 3 次（注意干扰施加时应正、负相间），记录下过渡过程曲线。

(2) 实验要求

① 对比控制系统未加干扰与加流量干扰时的最大动态偏差和静态偏差的大小，得出哪个系统的品质指标高？

② 有何方法解决单回路控制系统因流量干扰而带来的控制品质下降？试着做一做。

注意事项：应认真调节好两个水箱的进、出水阀的开度，以使中水箱的液位能稳定在某一确定值上。否则，实验无法正常开展。

4.1.3 集中讨论——克服流量干扰引起的液位波动

(1) 典型小组汇报

选择一个较典型的实验小组，向大家汇报实验结果和对问题的处理方法，其他同学可以自由提问，发表见解。

(2) 教师引导

教师应控制好过程，积极鼓励学生的参与，并着重就流量干扰问题展开讨论，努力提高学生发现问题、分析问题与解决问题的能力。

4.1.4 知识学习——串级控制系统

(1) 问题分析——双容水箱的液位频繁波动成因

这是一个双容的液位控制问题。若采用简单液位控制（图 4-1），当中水箱的出水量发生变化时，由液位变送器、控制器和调节阀组成一个单回路控制系统，去克服由于出水量变化而引起的水箱液位的波动，以保持中水箱的液位在设定值上。对比单容水箱和双容水箱的过渡过程曲线可以得知，双容水箱的液位控制调节时间要长，动态偏差也较大。这是因为双容水箱的被控对象时间常数大，中水箱的液位滞后要大于单水箱，因此造成调节作用不能及时地作用到中水箱，故而偏差会增大。但经过控制系统一定时间的调节作用，被控参数还是能稳定而满足工艺要求。

但是，当总管进水流量波动大且频繁时，由于中水箱较大的滞后性，使得进水量的变化要经中水箱的液位变化后，控制器才能开始动作去控制进水流量。而进水流量改变后，又要经过一段时间，才能影响中水箱液位。这样，既不能及早发现进水流量的扰动，又不能及时反映调节效果，将引起中水箱液位较大幅度的波动。

(2) 解决方法——稳定进水流量

由于是进水流量的干扰引起的液位波动，因此，解决的方法应着眼于对进水量的稳定。

① 增加单独的流量控制系统　最简单的解决方法是增加一个进水流量自动控制系统，如图 4-3 所示。由于它是安装在进水管处，因此，它能及时地检测流量变化并加以调节，使供给水箱的流量稳定，也就较好地克服了中水箱液位的较大幅度波动。这种方法由于简便、易于实现、控制效果好而在实际中有较多的应用。

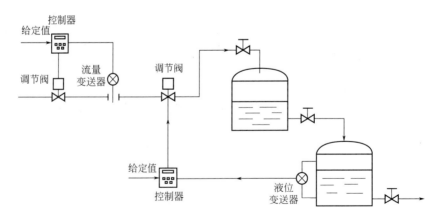

图 4-3　独设流量控制系统的液位控制系统

② 控制方法改进　增加一个控制系统虽然简单易行，但存在的不足之处是所用仪表多，增加了成本，特别是对于石油、化工等行业，由于干扰因素较多，为克服扰动而增加的仪表

将使费用增加不少。是否有较好的处理方法呢？

对工艺要求分析可以得知，控制目标是使进水流量满足液位调节的流量需要，这个流量需求值即是液位控制器的输出值。如果某时刻的流量需求值刚好等于流量控制系统的目标值，即可省去液位系统的调节阀。当然大多数情况两者是不相等的，即流量控制系统的目标值并不等于液位控制系统的流量需求值，但如果将液位控制系统的流量需求值作为流量控制系统的目标值，即流量控制系统的给定值由液位控制的需要来决定，就可以节省一个调节阀，从而组成如图 4-4 所示的复杂控制系统，也就是液位-流量的串级控制系统。

液位串级控制系统的方块图如图 4-5 所示。

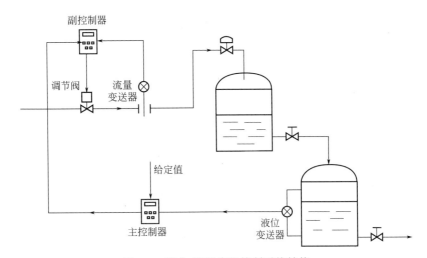

图 4-4 液位-流量串级控制系统结构

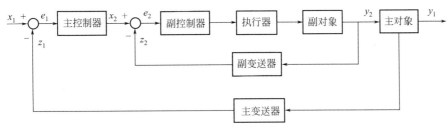

图 4-5 液位串级控制系统方块图

在这个控制系统中，中水箱液位称为主被控参数，简称主参数。调节阀阀后的进水流量称为副被控参数，简称副参数。液位控制器称为主控制器，流量控制器称为副控制器。从调节阀阀后到中水箱液位这个液位对象称为主对象。调节阀阀后的流量对象称为副对象。由副控制器、调节阀、副对象、副测量变送器组成的回路称为副回路。而整个串级控制系统包括主对象、主控制器、副回路等效环节和主变量测量变送器，称为主回路，又称主环或外环。

必须明确单回路控制技术并不适用于一切系统，对于时间常数较大、存在时间滞后、系统有较大干扰的情况，单回路控制系统的调节质量难于保证，必须改进控制方式，而串级控制系统能较好地解决这一问题。为此，必须切实掌握好串级控制系统的结构，深刻理解串级控制原理，要在充分掌握的基础上达到灵活应用，对串级控制系统中的常用术语应熟悉。

4.1.5 思考题

① 串级控制系统中的主、副回路如何区分？作用各是什么？
② 串级控制系统的控制质量是否一定比单回路好？请说明理由。

4.2 串级控制系统的基础知识

4.2.1 串级控制系统的结构

图 4-6 是串级控制系统的方块图。该系统有主、副两个控制回路，主、副控制器相串联工作，其中主控制器有自己独立的给定值 R，它的输出 m_1 作为副控制器的给定值，副控制器的输出 m_2 控制执行器，以改变主参数 C_1。

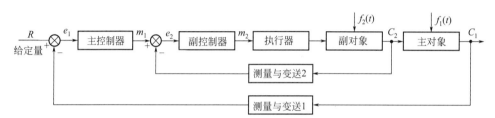

图 4-6 串级控制系统方块图

R—主参数的给定值；C_1—被控的主参数；C_2—副参数；
$f_1(t)$—作用在主对象上的扰动；$f_2(t)$—作用在副对象上的扰动

4.2.2 串级控制系统的分析

为了便于分析问题，下面介绍串级控制系统常用的名词术语。

主参数（主变量）：在串级控制系统中起主导作用的那个被控参数称为主变量或主参数，它也是在串级控制系统中使之等于给定值的参数。如上例中的锅炉出口温度。与主参数相应的变送器称为主变送器。

副参数（副变量）：在串级控制系统中，为了稳定主被控参数而引入的中间辅助变量，其给定值随主控制器的输出而变化。如上例中的炉膛温度。与副参数相应的变送器称为副变送器。

主控制器（主调节器）：按主参数的测量值与给定值的偏差进行工作的控制器称为主控制器或主调节器，其输出即为副控制器的给定值。如上例中的炉子出口温度控制器。

副控制器（副调节器）：给定值由主控制器的输出决定，并按副参数的测量值与给定值的偏差而动作的控制器称为副控制器或副调节器，其输出直接控制调节阀工作。如上例中的炉膛温度控制器。

主对象：它为由主参数所表征的那部分工艺设备或生产过程，其输入为副参数，输出为主参数。如上例中的管壁和被加热的物料的温度过程。

副对象：它为由副参数所表征的那部分工艺设备或生产过程，其输入为控制参数（操纵变量），输出为副参数。如上例中炉膛温度过程。

主回路（主环或外环）：它为在串级控制系统的结构图中断开副变送器以后、处于外环的整个回路。其中包括主控制器、副控制器、调节阀、副对象、主对象及主变送器等组成的闭合回路。

副回路（副环或内环）：处于串级控制系统内环，由副控制器、调节阀、副对象及副变送器等组成的闭合回路。副回路又称为随动回路。

一次扰动：作用在主被控过程上而不包括在副回路范围内的扰动，如上例中的被加热物料方面的干扰。

二次扰动：作用在副被控过程上，即包括在副回路范围内的扰动，如上例中的燃料油方面的干扰。

在分析串级控制系统之前，先把扰动以其作用位置的不同分为两类：一般把包括在副回路内的扰动称为二次扰动，而把作用于副环之外的扰动称为一次扰动（图 4-6）。这两类扰动对串级控制效果有本质的差别。

串级控制系统只是在结构上增加了一个副回路，为什么会收到如此明显的效果呢？

首先，副环具有快速作用，它能够有效地克服二次扰动的影响。可以说串级系统主要是用来克服进入副回路的二次干扰的。现在对图 4-7 所示方块图进行分析，可进一步揭示问题的本质。图中：$G_{c1}(s)$、$G_{c2}(s)$ 是主、副控制器的传递函数；$G_{p1}(s)$、$G_{p2}(s)$ 是主、副对象的传递函数；$G_{m1}(s)$、$G_{m2}(s)$ 是主、副变送器的传递函数；$G_v(s)$ 是调节阀的传递函数；$G_{d2}(s)$ 是二次干扰通道的传递函数。

当二次干扰经过干扰通道 $G_{d2}(s)$ 进入副环后，首先影响副参数 Y_2，于是副控制器立即动作，力图削弱干扰对 Y_2 的影响。显然，干扰经过副环的抑制后再进入主环，对 Y_1 的影响将有较大的减弱，按图 4-7 所示串级系统，可以写出二次干扰 D_2 至主参数 Y_1 的传递函数是

$$\frac{Y_1(s)}{D_2(s)} = \frac{\dfrac{G_{d2}(s)G_{p1}(s)}{1+G_{c2}(s)G_v(s)G_{p2}(s)G_{m2}(s)}}{1+G_{c1}(s)G_{m1}(s)G_{p1}(s)\dfrac{G_{c2}(s)G_v(s)G_{p2}(s)}{1+G_{c2}(s)G_v(s)G_{p2}(s)G_{m2}(s)}}$$

$$= \frac{G_{d2}(s)G_{p1}(s)}{1+G_{c2}(s)G_v(s)G_{p2}(s)G_{m2}(s)+G_{c1}(s)G_{m1}(s)G_{p1}(s)G_{c2}(s)} \tag{4-1}$$

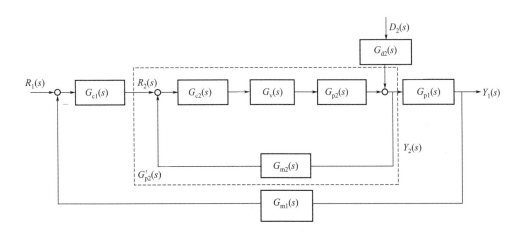

图 4-7 串级控制系统的方块图

为了与一个简单回路控制系统相比较,由图 4-8 可以很容易地得到单回路控制下 D_2 至 Y_1 的传递函数为

$$\frac{Y_1(s)}{D_2(s)} = \frac{G_{d2}(s)G_{p1}(s)}{1+G_c(s)G_v(s)G_{p1}(s)G_{p2}(s)G_m(s)} \tag{4-2}$$

比较式(4-1) 和式(4-2)。先假定 $G_c(s) = G_{c1}(s)$,且注意到单回路系统中的 $G_m(s)$ 就是串级系统的 $G_{m2}(s)$,可以看到,串级中 $Y_1(s)/D_2(s)$ 的分母中多了一项,即 $G_{c2}(s)G_v(s)G_{p2}(s)G_{m2}(s)$。在主环工作频率下,这项乘积的数值一般是比较大的,而且随着副控制器比例增益的增大而加大;另外,式(4-1) 的分母中第二项比式(4-2) 分母中第二项多了一个 $G_{c2}(s)$。一般情况下,副控制器的比例增益是大于 1 的,因此可以说,串级控制系统的结构使二次干扰 D_2 对主参数 Y_1 这一通道的动态增益明显减小。当二次干扰出现时,很快就被副控制器所克服。与单回路控制系统相比,被控参数受二次干扰的影响往往可以减小 10~100 倍,这要视主环与副环中容积分布情况而定。

其次,由于副环起了改善对象动态特性的作用,因此可以加大主控制器的增益,提高系统的工作频率。

分析比较图 4-7 和图 4-8,可以发现串级系统中的副环似乎代替了单回路中的一部分对象,亦即可以把整个副回路看成是一个等效对象 $G'_{p2}(s)$,记作

$$G'_{p2}(s) = \frac{Y_2(s)}{R_2(s)} \tag{4-3}$$

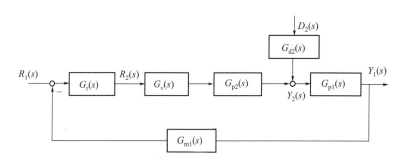

图 4-8 单回路控制系统方块图

假设副回路中各环节传递函数为

$$G_{p2}(s) = \frac{K_{p2}}{T_{p2}s+1} \quad G_{c2}(s) = K_{c2}$$

$$G_v(s) = K_v \quad G_{m2}(s) = K_{m2}$$

将上述各式代入式(4-3),可得

$$G'_{p2}(s) = \frac{Y_2(s)}{R_2(s)} = \frac{K_{c2}K_v \dfrac{K_{p2}}{T_{p2}s+1}}{1+K_{c2}K_vK_{m2}\dfrac{K_{p2}}{T'_{p2}s+1}} \tag{4-4}$$

$$= \frac{\dfrac{K_{c2}K_vK_{p2}}{1+K_{c2}K_vK_{m2}K_{p2}}}{1+\dfrac{T_{p2}s}{1+K_{c2}K_vK_{m2}T_{p2}}}$$

若令

$$K'_{p2} = \frac{K_{c2}K_v K_{p2}}{1+K_{c2}K_v K_{m2}K_{p2}} \tag{4-5}$$

$$T'_{p2} = \frac{T_{p2}}{1+K_{c2}K_v K_{p2}K_{m2}} \tag{4-6}$$

则式(4-4)改写为

$$G'_{p2}(s) = \frac{K'_{p2}}{T'_{p2}s+1} \tag{4-7}$$

式中，K'_{p2} 和 T'_{p2} 分别为等效对象的增益和时间常数。

如式(4-6)所示，由于 $1+K_{c2}K_v K_{p2}K_{m2}>1$ 这个不等式在任何情况下都是成立的，因此有

$$T'_{p2} < T_{p2} \tag{4-8}$$

这就表明由于副回路的存在，起到了改善动态特性的作用，等效对象的时间常数缩小为原来的 $1/(1+K_{c2}K_v K_{p2}K_{m2})$，而且随着副控制器比例增益的增大而减小。通常情况下，副对象是单容或双容对象，因此副控制器的比例增益可以取得很大，这样，等效时间常数就可以减到很小的数值，从而加快了副环的响应速度，提高了系统的工作频率。现举一例来进一步说明。

【例】 副回路中包括了一个积分环节加纯迟延的对象和一个比例控制器。其开环频率特性为

$$W_2(j\omega) = \frac{100}{\delta} \times \frac{K_{p2}}{T_{p2}\omega} \exp\left[-j\left(\frac{\pi}{2}+\omega\tau_d\right)\right] \tag{4-9}$$

将副回路整定到 4∶1 振幅衰减，且考虑到内环接受主控制器的输出信号，可以得到副回路相对于 T_{d1}/T_{d2} 的开环频率特性为

$$W_2(j\omega) = \frac{1}{2} \times \frac{T_{d1}}{T_{d2}} \exp\left[-j\left(\frac{\pi}{2}+\frac{\pi}{2}\times\frac{T_{d2}}{T_{d1}}\right)\right] \tag{4-10}$$

其中，T_{d1} 和 T_{d2} 分别为主回路和副回路的阻尼自然振荡周期。

由式(4-10)可以很容易导出副回路的闭环频率特性为

$$W_{c2}(j\omega) = \frac{1}{1+\frac{2T_{d2}}{T_{d1}}\sqrt{\frac{\pi}{2}}+\frac{\pi}{2}\times\frac{T_{d2}}{T_{d1}}} \tag{4-11}$$

根据式(4-10)和式(4-11)，将副回路在开环和闭环下的频率特性绘于图4-9，图中 $|W_2|$、φ_2 和 $|W_{c2}|$、φ_{c2} 是副回路分别在开环和闭环下的幅频相频特性。从图中可以看到，闭环副回路的相角滞后总是小于开环时的相角滞后，因此组成串级控制系统后自然地提高了工作频率，使控制品质得到改善。

由图4-9可见，闭环副回路的增益可能大于或小于开环时的增益，这取决于输入信号的周期。当 T_{d1}/T_{d2} 较大时，闭环副回路增益将小于开环时的增益，此时若组成串级控制系统，可以加大主控制器的增益，应当指出，在 $T_{d1}/T_{d2}>5$ 以后，闭环副回路增益接近1.0，相角接近0°。这就是说当 T_{d1} 足够大时，可以把副回路等效成为一个增益为1的放大环节，形成1∶1的随动系统。然而在 T_{d1} 减小时，闭环副回路的增益增加而开环时的增益却会下降，此时若闭合副回路，主控制器的增益就不得不减小，在这种情况下组成串级控制系统

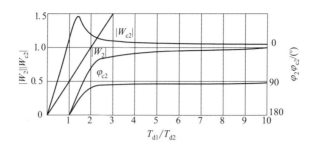

图 4-9　副回路的开环和闭环幅频-相频特性

将会降低系统的性能。因此，在串级控制系统中要避免闭环副回路的高增益区，即主、副回路自然振动周期比 $T_{d1}/T_{d2}=1\sim3$ 的区域。此外，为避免主、副回路之间的"共振"现象，也要求主、副回路的周期成一定的比例，这一点将在串级控制系统的设计中加以讨论。

最后一个特点是由于副环的存在，使串级控制系统有一定的自适应能力。

众所周知，生产过程往往包含一些非线性因素，因此，在一定负荷下，即在确定的工作点情况下，按一定控制质量指标整定的控制器参数只适应于工作点附近的一个小范围。如果负荷变化过大，超出这个范围，那么控制质量就会下降。在单回路控制中，若不采取其他措施是难以解决的，但在串级控制系统中情况就不同了，负荷变化引起副回路内各环节参数的变化，可以较少影响或不影响系统的控制质量。一方面可以用式(4-5)所表示的等效副对象的增益公式来说明，一般情况下，$K_{c2}K_vK_{p2}K_{m2}\gg1$，因此，如果副对象增益或调节阀的特性随负荷变化时，对等效增益 K'_{p2} 的影响不大，因而在不改变控制器整定参数的情况下，系统的副回路能自动地克服非线性因素的影响，保持或接近原有的控制质量；另一方面，由于副回路通常是一个流量随动系统，当系统操作条件或负荷改变时，主控制器将改变其输出值，副回路能快速跟踪，及时而又精确地控制流量，从而保证系统的控制品质。从上述两个方面看，串级控制系统对负荷的变化有一定的自适应能力。

综上所述，可以将串级控制系统具有较好的控制性能的原因归纳为：和单回路控制系统相比较，串级控制系统多了一个副回路，因此有以下特点。

（1）改善了对象的特性

在串级控制系统中，如把副回路视为一等效副对象，那么它的时间常数和放大系数都比原副对象的小。对象时间常数减小，系统的响应速度将加快，这对及时克服干扰、提高控制质量是有利的。

（2）提高了系统的工作频率

在串级控制系统中，由于等效副对象时间常数比原副对象的小，因此，在采用串级控制时系统的工作频率就比采用单回路控制时高（在相同衰减比下），这对及时克服干扰、消除偏差、提高控制质量是有利的。

（3）提高了系统的抗干扰能力

和单回路控制系统相比，串级控制系统中有两个控制器，提高了控制器的总放大系数。系统中控制器的放大系数越大，克服干扰就越有力。特别当干扰落在副回路内时，由于响应快，控制及时，大大提高了系统的抗干扰能力。

(4) 具有一定的自适应能力

在串级控制系统中，主回路是一个定值系统，副回路却是一个随动系统，它的给定值是随主控制器的输出而变化的。主控制器可以根据操作条件和负荷的变化，不断地调整副控制器的给定值，从而保证在负荷和操作条件变化时，控制系统仍然具有较好的品质，这就提高了系统对负荷和操作条件变化的适应能力。

4.2.3 串级控制系统的设计

合理地设计串级控制系统，才能使串级控制系统的特点得到充分发挥。串级控制系统的设计工作主要包括：主、副回路的设计；主、副控制器控制规律的选择；主、副控制器正/反作用方式的确定等。

(1) 主回路的设计

串级控制系统由主回路和副回路组成。主回路是一个定值控制系统。对于主参数的选择和主回路的设计，可以按照单回路控制系统的设计原则进行。

(2) 副回路的设计

串级控制系统设计主要是副参数的选择和副回路的设计以及主、副回路关系的考虑。所谓副回路设计就是根据生产工艺过程的具体情况，选择一个合适的副参数，从而组成一个以副参数为被控参数的副回路。副参数的选择原则一般要考虑以下因素。

① 选择的副参数应使副回路能够包括系统的主要干扰。

② 选择的副参数应能使主、副对象的时间常数相匹配。副对象的时间常数要适中，过小，副回路包括的干扰就少，不能充分发挥副回路的抗干扰性能。如主、副对象时间常数接近，系统调整比较困难，易出现"共振"现象，因此一般大于 4:1 为好。

③ 选择的副参数要考虑工艺的合理性与实现的可能性。

(3) 主、副控制器控制规律的选择

凡是设计串级控制系统的场合，对象特性总有较大的滞后，主控制器采用三作用 PID 控制器是必要的。

而副回路是随动回路，允许存在余差，从这个角度说，副控制器不需要积分作用。如当温度作副变量时，副控制器不宜加积分，这样可以将副回路的开环静态增益调整得较大，以提高克服扰动的能力。但是当副回路是流量（或液体压力）系统时，它们的开环静态增益都比较小，若不加积分，会产生很大余差。因考虑到串级系统有时会断开主回路，让副回路单独运行，这样大的余差是不合适的，又因为流量副回路构成的等效环节比主对象的动态滞后要小得多，副控制器增加积分作用也不太影响主回路性能，所以在实际生产中流量（或液体压力）副控制器常采用比例加积分形式。

在温度作副参数的系统中，副控制器可以具有微分作用。但要注意：因为副回路是个随动回路，设定值是经常变化的。对于设定值变化，目前常用控制器的微分作用会引起调节阀的大幅度跳动，并引起很大超调，所以在副控制器中不宜设置微分作用。但是，为克服温度副对象的惯性滞后，副控制器可选用具有"微分先行"的控制器。

(4) 主、副控制器正/反作用方式的选择

主、副控制器正/反作用的选择顺序应该是先副后主。

要使一个过程控制能正常工作，系统必须为负反馈。对于串级控制系统来说，主、副控制器中正、反作用方式的选择原则是使整个控制系统构成负反馈系统，即其主通道各环节放大系数极性乘积必须为正值。各环节放大系数极性的规定与单回路系统设计相同。下面以图 4-10 所示加热炉出口温度与炉膛温度串级控制系统为例，说明主、副控制器中正/反作用方式的确定。

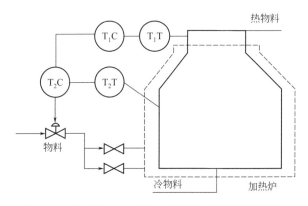

图 4-10　加热炉出口温度与炉膛温度串级控制系统

从生产工艺安全出发，燃料油调节阀选用气开式，即一旦控制器损坏，调节阀处于全关状态，以切断燃料油进入加热炉，确保其设备安全，故调节阀的 K_v 为正。当调节阀开度增大，燃料油增加，炉膛温度升高，故副过程的 K_{02} 为正。为了保证副回路为负反馈，则副控制器的放大系数 K_2 应取正，即为反作用控制器。由于炉膛温度升高，则炉出口温度也升高，故主过程的 K_{01} 为正。为保证整个回路为负反馈，则主控制器的放大系数 K_1 应为正，即为反作用控制器。

串级控制系统主、副控制器正/反作用方式确定是否正确，可做如下检验：当炉出口温度升高时，主控制器输出应减小，即副控制器的给定值减小，因此，副控制器输出减小，使调节阀开度减小，这样，进入加热炉的燃料油减少，从而使炉膛温度和出口温度降低。

(5) 串级控制系统的参数整定

串级控制系统从主回路来看是一个定值控制系统，对主参数有较高的质量要求，其控制质量指标与单回路定值控制系统是一样的。从副回路来看，是一个随动控制系统，对副参数的控制质量一般要求不高，只要求能快速准确地跟随主控制器的输出变化就行。因此必须根据两个回路各处的作用和对主、副参数的要求去确定主、副控制器的参数。

参数整定就是通过调整控制器的参数，改善控制系统的动、静态特性，找到最佳的调节过程，使控制品质最好。串级控制系统常用的控制器参数整定方法有逐步逼近法、两步法和一步法三种。对新型智能控制仪表和 DCS 控制装置构成的串级控制系统，可以将主控制器选为具备自整定功能，下面介绍这三种整定方法。

① 逐步逼近法　所谓逐步逼近法，就是在主回路断开的情况下求取副控制器的整定参数，然后将副控制器的参数设置在所求的数值上，使串级控制系统主回路闭合，求取主控制器的整定参数。而后，将主控制器参数设置在所求的数值上，再进行整定，求取第二次副控制器的整定参数值。比较上述两次的整定参数和控制质量，如果达到了控制品质指标，整定工作结束。否则，再按此方法求取第二次主控制器的整定参数值，依次循环，直至求得合适的整定参数值为止。这样，每循环一次，其整定参数与最佳参数值就更接近一步，故称为逐步逼近法。

具体整定步骤如下:

a. 整定副回路,此时断开主回路,按单回路控制系统的整定方法整定副控制器参数;

b. 闭合主、副回路,保持上步取得的副控制器参数,按单回路控制系统整定方法整定主控制器参数;

c. 再闭合主、副回路,主控制器参数保持的情况下再次调整副控制器的参数。

至此已完成一个循环,如果控制品质未达到规定指标,返回步骤 b 继续,循环进行,直到获得确保控制过程质量和指标的整定参数为止。

逐渐逼近法费时较多。一般工业生产中,对主参数的控制要求很高,而对副参数的控制要求较低。副参数的设定主要是为了提高主参数的控制质量,因此,在整定时不必将过多的精力放在副回路上,只要主参数达到控制质量指标即可,这就是下面采用比较简便的两步整定法和一步整定法的基本依据之一。

② 两步整定法　所谓两步整定法就是将整定分两步进行,先整定副回路,再整定主回路。

采用两步整定法的依据:一是一般工业过程控制中常见的串级控制系统的主、副对象动态特性相差比较悬殊,惯性和滞后区别很大,主、副控制对象的时间常数比一般在 3~10 之间,这样主回路的工作频率远小于副回路的工作频率,因而主、副回路动态联系很小,互相影响不大,甚至可以忽略;二是前面已经提及串级控制系统中对主参数工艺操作要求高,而对副参数质量指标没有严格的要求。

所以,应用两步整定参数,其结果比较准确,而且整定步骤大为简化,因而获得广泛的应用。

两步整定法步骤为:

a. 在工况稳定,主回路闭合,主、副控制器都在纯比例作用的条件下,主控制器的比例度置于 100%,用单回路控制系统的衰减(如 4∶1)曲线法整定,求取副控制器的比例度 δ_{2s} 和操作周期 T_{2s};

b. 将副控制器的比例度置于所求得的数值 δ_{2s} 上,把副回路作为主回路的一个环节,用同样方法整定主回路,求取主控制器的比例度 δ_{1s} 和操作周期 T_{1s};

c. 根据求得的 δ_{1s}、T_{1s}、δ_{2s}、T_{2s} 数值,按单回路系统衰减曲线法整定公式计算主/副控制器的比例度 δ、积分时间 T_I 和微分时间 T_D 的数值;

d. 按先副后主、先比例后积分的整定程序,设置主、副控制器的参数,再观察过渡过程曲线,必要时进行适当调整,直到系统质量达到最佳为止。

③ 一步整定法　一步整定法就是根据经验先将副控制器参数一次确定设置好,然后按一般单回路控制系统的整定方法,直接整定主控制器的参数。这种方法对于对主参数精度有较高要求,而对副参数没有要求或要求不高的串级控制系统很有效。

一步整定法步骤如下:

a. 根据副参数的类型,按表 4-1 的经验值选择一个合适的比例度 δ_2,并按纯比例控制作用设置在副控制器上;

表 4-1　副参数经验设置值

副参数类型	比例度 δ_2/%	比例放大倍数
温度	20~60	5~1.7
压力	30~70	3~1.4
流量	40~80	2.5~1.25
液位	20~80	5~1.25

b. 将串级控制系统投运后，按单回路控制系统的整定方法整定主控制器参数，观察控制过程，根据 K_{c1} 与 K_{c2} 值相匹配的原理，适当调整主控制器参数，直到主参数的质量品质达到指标要求；

c. 如果在整定过程中系统出现振荡，即"共振"，只要加大主、副控制器的任一比例度值，便可消除"共振"，若"共振"剧烈，可先切换到手动，待生产稳定后，再将控制器参数置于比产生"共振"时略大的数值上，重新投运和整定，直到达到满意为止。

4.2.4 思考题

① 串级控制系统为什么对主扰动（二次扰动）具有很强的抗干扰能力？如果副对象的时间常数与主对象的时间常数大小接近，二次扰动对主控制参数影响是否仍很小，为什么？

② 当一次扰动作用于主对象时，试问由于副回路的存在，系统的动态性能比单回路系统的动态性能有何改善？

③ 一步整定法的依据是什么？

④ 串级控制系统投运前需要做好哪些准备工作？主、副控制器的正/反作用方向如何确定？

⑤ 为什么串级控制系统中的副控制器为比例（P）控制器？

⑥ 改变副控制器的比例度，对串级控制系统的动态和抗扰性能有何影响？试从理论上给予说明。

⑦ 论述串级控制系统比单回路控制系统的控制质量高的原因。

4.3 水箱液位串级控制系统实训

4.3.1 实训目的

① 了解水箱液位串级控制系统的组成原理。

② 掌握水箱液位串级控制系统控制器参数的整定与投运方法。

③ 了解阶跃扰动分别作用于副对象和主对象时对系统主控制参数的影响。

④ 掌握液位串级控制系统采用不同控制方案的实现过程。

4.3.2 实训设备

智能调节仪2块，水箱2个，电动调节阀1个，液位传感器2个，磁力泵1台，导线若干。

4.3.3 实训原理

该实训为水箱液位的串级控制系统，它是由主控、副控两个回路组成。主控回路中的控制器称主控制器，被控对象为下水箱，下水箱的液位为系统的主控制参数。副控回路中的控制器称副控制器，被控对象为中水箱，又称副对象，中水箱的液位为系统的副控制参数。主控制器的输出作为副控制器的给定，因而副控回路是一个随动控制系统。副控制器的输出直接驱动电动调节阀，从而达到控制下水箱液位的目的。为了实现系统在阶跃给定和阶跃扰动作用下的无静差控制，系统的主控制器应为PI或PID控制。由于副控回路的输出要求能快速、准确地复现主控制器输出信号的变化规律，对副参数的动态性能和余差无特殊的要求，因而副控制器可采用 P 控制器。该实训系统结构图和原理框图如图 4-11 所示。

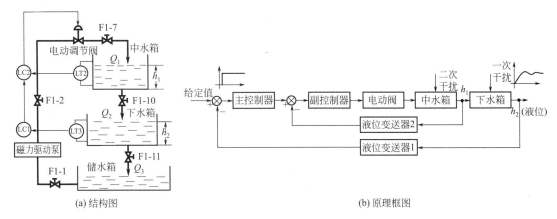

图 4-11 水箱液位串级控制系统

4.3.4 实训内容与步骤

该实训选择中水箱和下水箱串联作为被控对象（也可选择上水箱和中水箱）。实训之前先将储水箱中储足水量，然后将阀门 F1-1、F1-2、F1-7 全开，将中水箱出水阀门 F1-10 开至适当开度（40%～90%），下水箱出水阀门 F1-11 开至适当开度（30%～80%，要求阀 F1-10 稍大于阀 F1-11），其余阀门均关闭。

具体实训内容与步骤按三种方案分别叙述，这三种方案的实训与用户所购的硬件设备有关，可根据实训需要选做或全做。

（1）智能仪表控制

① 将两个 SA-12 挂件挂到屏上，并将挂件的通信线插头插入屏内 RS-485 通信口上，将控制屏右侧 RS-485 通信线通过 RS-485/232 转换器连接到计算机串口 1，并按照控制屏接线图图 4-12 连接实训系统。将"LT2 中水箱液位"钮子开关拨到"OFF"的位置，将"LT3 下水箱液位"钮子开关拨到"ON"的位置。

② 接通总电源空气开关和钥匙开关，打开 24V 开关电源，给压力变送器通电，按下启动按钮，合上单相Ⅰ、单相Ⅲ空气开关，给电动调节阀及智能仪表 1 通电。

③ 打开上位机 MCGS 组态环境，打开"智能仪表控制系统"工程，然后进入 MCGS 运行环境，在主菜单中点击"实训十、水箱液位串级控制"，进入"实训十"的监控界面。

④ 将主控仪表设置为"手动"，并将输出值设置为一个合适的值，此操作可通过调节仪表实现。

⑤ 合上三相电源空气开关，磁力泵通电打水，适当增加/减小主控制器的输出量，使下水箱的液位平衡于设定值，且中水箱液位也稳定于某一值（此值一般为 3～5cm，以免超调过大，水箱断流或溢流）。

⑥ 按任一种整定方法整定控制器参数，并按整定得到的参数进行控制器设定。

⑦ 待液位稳定于给定值时，将控制器切换到"自动"状态，待液位平衡后，通过以下几种方式加干扰：

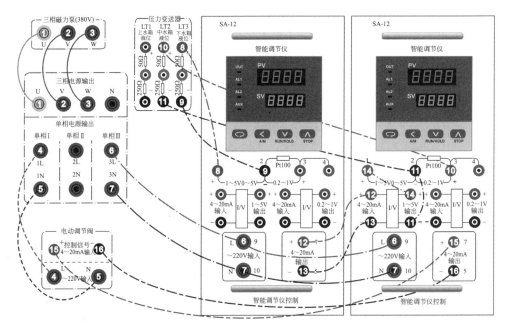

图 4-12　智能仪表控制"水箱液位串级控制"实训接线图

a. 突增（或突减）仪表设定值的大小，使其有一个正（或负）阶跃增量的变化；

b. 打开阀门 F2-1、F2-4（或 F2-5），用变频器支路以较小频率给中水箱（或下水箱）打水（干扰作用在主对象或副对象）；

c. 将"阀 F1-5、F1-13"开至适当开度（改变负载）；

d. 将电动调节阀的旁路阀 F1-4（同电磁阀）开至适当开度。

以上几种干扰均要求扰动量为控制量的 5%～15%，干扰过大可能造成水箱中水溢出或系统不稳定。加入干扰后，水箱的液位便离开原平衡状态，经过一段调节时间后，水箱液位稳定至新的设定值（后面三种干扰方法仍稳定在原设定值），记录此时智能仪表的设定值、输出值和仪表参数，下水箱液位的响应过程曲线如图 4-13 所示。

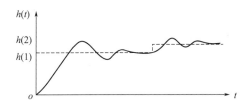

图 4-13　下水箱液位阶跃响应曲线

⑧ 适量改变主、副控调节仪的 PID 参数，重复步骤⑦，用计算机记录不同参数时系统的响应曲线。

（2）远程数据采集控制

① 将"SA-22 远程数据采集模拟量输出模块"和"SA-23 远程数据采集模拟量输入模块"挂件挂到屏上，并将挂件上的通信线插头插入屏内 RS-485 通信口上，将控制屏右侧 RS-485 通信线通过 RS-485/232 转换器连接到计算机串口 1，并按照控制屏接线图图 4-14 连

接实训系统。将"LT2 中水箱液位""LT3 下水箱液位"钮子开关均拨到"ON"的位置。

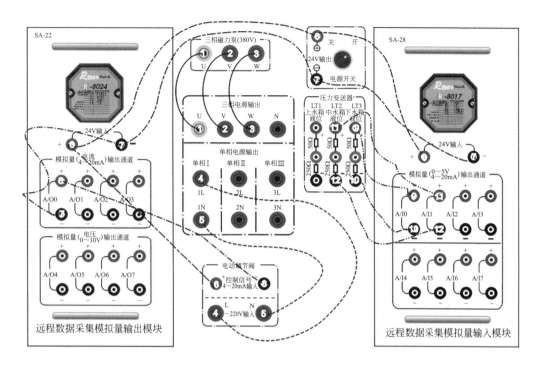

图 4-14　远程数据采集控制"水箱液位串级控制"实训接线图

② 接通总电源空气开关和钥匙开关,打开 24V 开关电源,给智能采集模块及压力变送器通电,按下启动按钮,合上单相Ⅰ空气开关,给电动调节阀通电。

③ 打开上位机 MCGS 组态环境,打开"远程数据采集系统"工程,然后进入 MCGS 运行环境,在主菜单中点击"实训十、水箱液位串级控制",进入"实训十"的监控界面。

④ 以下步骤请参考前面"(1) 智能仪表控制"的步骤④~⑧。

(3) S7-200 PLC 控制

① 将 SA-44 S7-200 PLC 控制挂件挂到屏上,并用 PC/PPI 通信电缆线将 S7-200 PLC 连接到计算机串口 1,按照控制屏接线图图 4-15 连接实训系统。将"LT2 中水箱液位""LT3 下水箱液位"钮子开关均拨到"ON"的位置。

② 接通总电源空气开关和钥匙开关,打开 24V 开关电源,给压力变送器通电,按下启动按钮,合上单相Ⅰ、单相Ⅲ空气开关,给电动调节阀及 S7-200 PLC 通电。

③ 打开 Step 7-Micro/WIN 4.0 软件,并打开"S7-200PLC"程序进行下载,然后运行 MCGS 组态环境。打开"S7-200PLC 控制系统"工程,进入 MCGS 运行环境,在主菜单中点击"实训十、水箱液位串级控制",进入"实训十"的监控界面。

④ 以下步骤请参考前面"(1) 智能仪表控制"的步骤④~⑧。

4.3.5　实训报告要求

① 画出水箱液位串级控制系统的结构框图。
② 用实训方法确定控制器的相关参数,并写出整定过程。

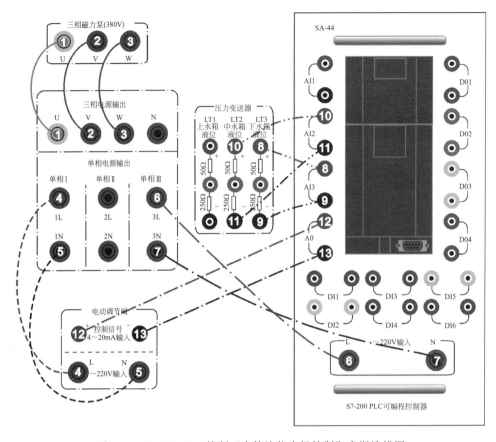

图 4-15　S7-200 PLC 控制 "水箱液位串级控制" 实训接线图

③ 根据扰动分别作用于主、副对象时系统输出的响应曲线，分析系统在阶跃扰动作用下的静、动态性能。

④ 分析主、副控制器采用不同 PID 参数时对系统性能产生的影响。

⑤ 综合分析三种控制方案的实训效果。

4.4　三闭环液位控制系统实训

4.4.1　实训目的

① 了解三闭环液位控制系统的组成与工作原理。
② 掌握三闭环液位控制系统控制器参数的整定与投运方法。
③ 了解阶跃扰动分别作用于副对象和主对象时对系统主控制参数的影响。
④ 了解主、副控制器参数的改变对系统性能的影响。
⑤ 掌握液位串级控制系统采用不同控制方案的实现过程。

4.4.2　实训设备

智能调节仪 3 块，水箱 3 个，电动调节阀 1 个，液位传感器 3 个，磁力泵 1 台，导线若干。

4.4.3 实训原理

图 4-16 为三闭环串级控制系统的结构图和原理框图。该实训系统是由上、中、下 3 个水箱串联组成，下水箱的液位为系统的主控制参数，其余两个水箱的液位均为副控制参数。与前面的双闭环液位控制系统相比，该系统多了一个内回路，其目的是减小上水箱的时间常数，以加快系统的响应。

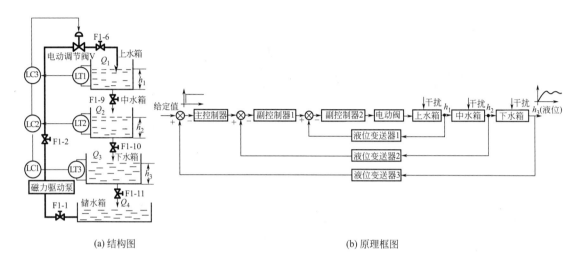

图 4-16 三闭环液位控制系统

该系统的控制目的，不仅要使下水箱的液位等于给定值，而且当扰动出现在上、中水箱时，由于它们的时间常数均小于下水箱，故在下水箱的液位未发生明显变化前，扰动所产生的影响已通过内回路的控制及时地被消除。当然，扰动如作用于下水箱，系统的被控制参数必然要受其影响，但由于该系统有两个内回路，因而大大减小了上、中水箱的时间常数，使它比具有上、中、下 3 个水箱串接的单回路系统动态响应快得多。

为了实现系统在阶跃给定和阶跃扰动作用下的无静差控制，系统的主控制器应为 PI 或 PID 控制。由于副控回路的输出要求能快速、准确地复现主控制器输出信号的变化规律，对副参数的动态性能和余差无特殊的要求，因而副控制器可采用 P 或 PI 控制器。

4.4.4 实训内容与步骤

本实训将上、中、下 3 只水箱串联组成三闭环液位控制系统。实训之前先将储水箱中储足水量，然后将阀门 F1-1、F1-2、F1-6 全开，将阀门 F1-9 开至适当开度（50%～90%），F1-10 开至适当开度（40%～80%），F1-11 开至适当开度（30%～70%），要求阀门开度 F1-9＞F1-10＞F1-11，其余阀门均关闭。

具体实训内容与步骤可根据本实训的目的与原理参照前一节水箱液位串级控制中相应方案进行，实训的接线可按照图 4-17～图 4-19 连接。

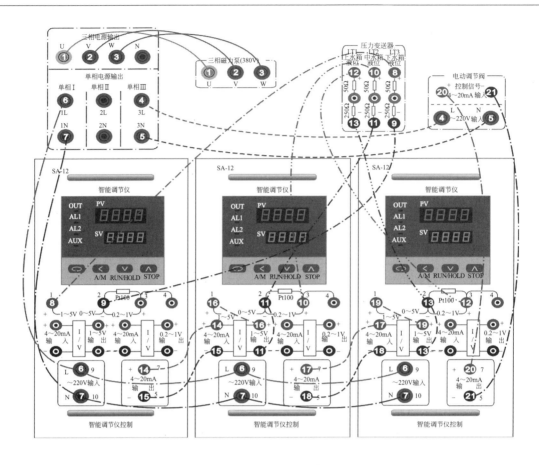

图 4-17 智能仪表控制"三闭环液位串级控制"实训接线图

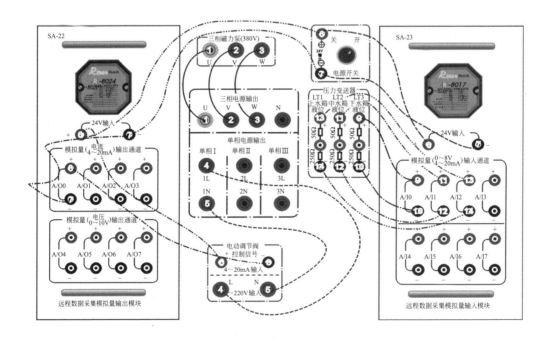

图 4-18 远程数据采集控制"三闭环液位串级控制"实训接线图

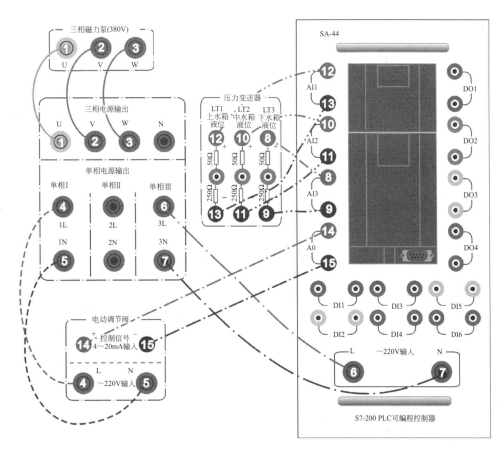

图 4-19 S7-200PLC 控制"三闭环液位串级控制"实训接线图

4.4.5 实训报告要求

① 画出三闭环水箱液位串级控制系统的结构框图。
② 用实训方法确定控制器的相关参数,并写出整定过程。
③ 根据扰动分别作用于 3 个对象时系统输出的响应曲线,分析系统在阶跃扰动作用下的静、动态性能。
④ 分析主、副控制器采用不同 PID 参数时对系统性能产生的影响。
⑤ 综合分析三种控制方案的实训效果。

4.5 锅炉夹套水温与内胆水温串级控制系统实训

4.5.1 实训目的

① 熟悉温度串级控制系统的结构与组成。
② 掌握温度串级控制系统的参数整定与投运方法。
③ 研究阶跃扰动分别作用于副对象和主对象时对系统主控制参数的影响。
④ 研究主、副控制器参数的改变对系统性能的影响。

4.5.2 实训设备

智能调节仪 2 块，模拟加热锅炉夹套设备 1 个，电加热管 3 个，温度传感器 2 个，三相移相调压模块 1 个，导线若干。

4.5.3 实训原理

该实训系统的主参数为锅炉夹套的水温 T_1，副参数为锅炉内胆的水温 T_2，它是一个辅助的控制参数。系统由主、副两个回路所组成。主回路是一个定值控制系统，要求系统的主控制参数 T_1 等于给定值，因而系统的主控制器应为 PI 或 PID 控制。副回路是一个随动系统，要求副回路的输出能正确、快速地复现主控制器输出的变化规律，以达到对主控制参数 T_1 的控制目的，因而副控制器可采用 P 控制。由于锅炉夹套的温度升降是通过锅炉内胆的热传导来实现的，显然，由于副对象管道的时间常数小于主对象（下水箱）的时间常数，因而当主扰动（二次扰动）作用于副回路时，通过副回路的调节作用可快速消除扰动的影响。该实训系统结构图和原理框图如图 4-20 所示。

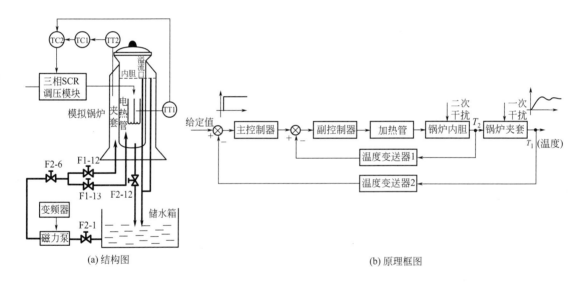

图 4-20　锅炉夹套与内胆温度串级控制系统

4.5.4 实训内容与步骤

该实训选择锅炉夹套和锅炉内胆组成串级控制系统。实训之前先将储水箱中储足水量，然后将阀门 F2-1、F2-6、F1-12、F1-13 全开，将锅炉出水阀门 F2-11、F2-12 关闭，其余阀门也关闭。将变频器 A、B、C 三端连接到三相磁力驱动泵（220V），打开变频器电源并手动调节变频器频率，给锅炉内胆和夹套储满水，然后关闭变频器，关闭阀 F1-12，打开阀 F1-13。待实训投入运行时，用变频器支路以较小的流量给锅炉内胆供循环冷却水。

具体实训内容与步骤可根据该实训的目的与原理参照前一节水箱液位串级控制中相应方案进行，实训的接线可按照图 4-21～图 4-23 连接。

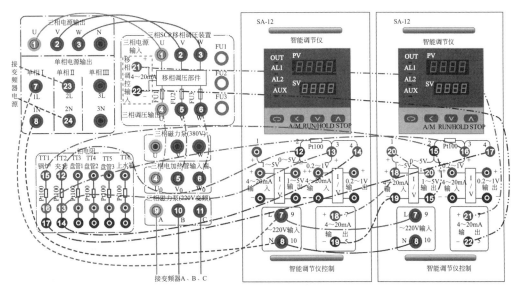

图 4-21　智能仪表控制"温度串级控制"实训接线图

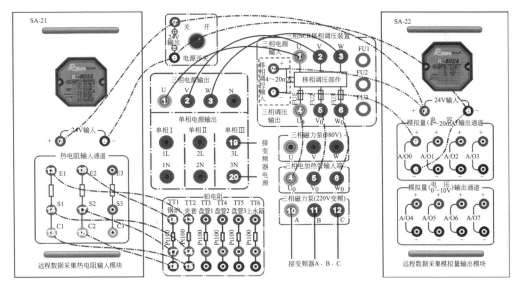

图 4-22　远程数据采集控制"温度串级控制"实训接线图

4.5.5　实训报告要求

① 画出温度串级控制系统的结构框图。

② 用实训方法确定控制器的相关参数，写出整定过程。

③ 根据扰动分别作用于主、副对象时系统输出的响应曲线，分析系统在阶跃扰动作用下的静、动态性能。

④ 分析主、副控制器采用不同 PID 参数时对系统的性能产生的影响。

4.5.6　思考题

① 三相电网电压的波动对主控制参数是否有影响？

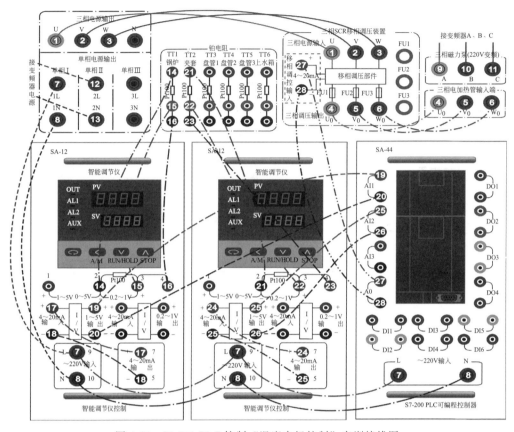

图 4-23 S7-200 PLC 控制"温度串级控制"实训接线图

② 为什么该实训中的副控制器用比例（P）控制器？如果采用 PI 调节，试分析对系统的性能有什么影响？

4.6 水箱液位与进水流量串级控制系统实训

4.6.1 实训目的

① 了解液位-流量串级控制系统的组成原理。
② 掌握液位-流量串级控制系统控制器参数的整定与投运方法。
③ 了解阶跃扰动分别作用于副对象和主对象时对系统主控制参数的影响。
④ 掌握液位-流量串级控制系统采用不同控制方案的实现过程。

4.6.2 实训设备

智能调节仪 2 块，水箱 1 个，电动调节阀 1 个，液位传感器 1 个，流量传感器 1 个，磁力泵 1 台，导线若干。

4.6.3 实训原理

该实训系统的主参数为下水箱的液位 h，副参数为电动调节阀支路流量 Q，它是一个辅助的控制参数。系统由主、副两个回路所组成。主回路是一个定值控制系统，要求系统的主控制参数 h 等于给定值，因而系统的主控制器应为 PI 或 PID 控制。副回路是一个随动系统，要求副回路的输出能正确、快速地复现主控制器输出的变化规律，以达到对主控制参数 h 的控制目的，因而副控制器可采用 P 控制。但选择流量作副参数时，为了保持系统稳定，比例度必须选得较大，这样比例控制作用偏弱，为此须引入积分作用，即采用 PI 控制规律。引入积分作用的目的不是消除静差，而是增强控制作用。显然，由于副对象管道的时间常数小于主对象下水箱的时间常数，因而当主扰动（二次扰动）作用于副回路时，通过副回路快速的调节作用消除了扰动的影响。该实训系统结构图和原理框图如图 4-24 所示。

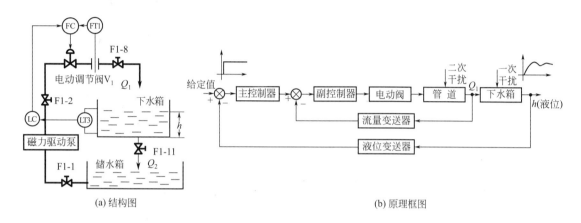

图 4-24　下水箱液位与进水流量串级控制系统

4.6.4　实训内容与步骤

该实训选择下水箱和电动调节阀支路组成串级控制系统（也可采用变频器支路）。实训之前先将储水箱中储足水量，然后将阀门 F1-1、F1-2、F1-8 全开，将下水箱出水阀门 F1-11 开至适当开度，其余阀门均关闭。

具体实训内容与步骤按三种方案分别叙述，这三种方案的实训与用户所购的硬件设备有关，可根据实训需要选做或全做。

（1）智能仪表控制

① 将两个 SA-12 挂件挂到屏上，并将挂件的通信线插头插入屏内 RS-485 通信口上，将控制屏右侧 RS-485 通信线通过 RS-485/232 转换器连接到计算机串口 1，并按照控制屏接线图图 4-25 连接实训系统。将"FT1 电动阀支路流量"钮子开关拨到"OFF"的位置，将"LT3 下水箱液位"钮子开关拨到"ON"的位置。

② 接通总电源空气开关和钥匙开关，打开 24V 开关电源，给压力变送器及涡轮流量计通电。按下启动按钮，合上单相Ⅰ、单相Ⅲ空气开关，给电动调节阀及智能仪表 1 通电。

③ 打开上位机 MCGS 组态环境，打开"智能仪表控制系统"工程，然后进入 MCGS 运行环境，在主菜单中点击"实训十六、下水箱液位与电动阀支路流量串级控制"，进入"实训十六"的监控界面。

④ 将主控仪表设置为"手动"，并将输出值设置为一个合适的值（50%～70%），此操作可通过调节仪表实现。

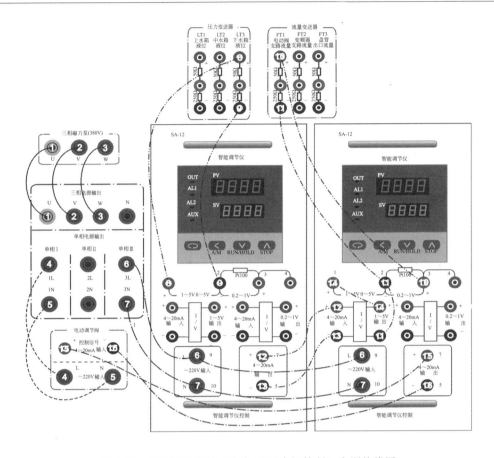

图 4-25 智能仪表控制"液位-流量串级控制"实训接线图

⑤ 合上三相电源空气开关,磁力驱动泵通电打水,适当增加/减小主控仪表的输出量,使下水箱的液位平衡于设定值。

⑥ 按任一种整定方法整定控制器的参数,并按整定得到的参数对控制器进行设定。

⑦ 待下水箱进水流量相对稳定,且其液位稳定于给定值时,将控制器切换到"自动"状态,待液位平衡后,通过以下几种方式加干扰:

a. 突增(或突减)仪表设定值的大小,使其有一个正(或负)阶跃增量的变化;

b. 将电动调节阀的旁路阀 F1-4(同电磁阀)开至适当开度;

c. 将阀 F1-5、F1-13 开至适当开度;

d. 打开阀门 F2-1、F2-4,用变频器支路以较小频率给下水箱打水。

以上几种干扰均要求扰动量为控制量的 5%～15%,干扰过大可能造成水箱中水溢出或系统不稳定。加入干扰后,水箱的液位便离开原平衡状态,经过一段调节时间后,水箱液位稳定至新的设定值(后面三种干扰方法仍稳定在原设定值),记录此时的智能仪表的设定值、输出值和仪表参数,下水箱液位的响应过程曲线将如图 4-26 所示。

⑧ 适量改变调节仪的 PID 参数,重复步骤⑦,用计算机记录不同参数时系统的响应曲线。

(2) 远程数据采集控制

① 将 SA-22 挂件、SA-23 挂件挂到屏上,并将挂件上的通信线插头插入屏内 RS-485 通

信口上,将控制屏右侧 RS-485 通信线通过 RS-485/232 转换器连接到计算机串口 1,并按照控制屏接线图图 4-27 连接实训系统。将"FT1 电动阀支路流量""LT3 下水箱液位"钮子开关均拨到"ON"的位置。

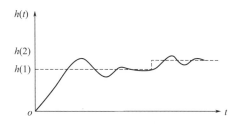

图 4-26 下水箱液位阶跃响应曲线

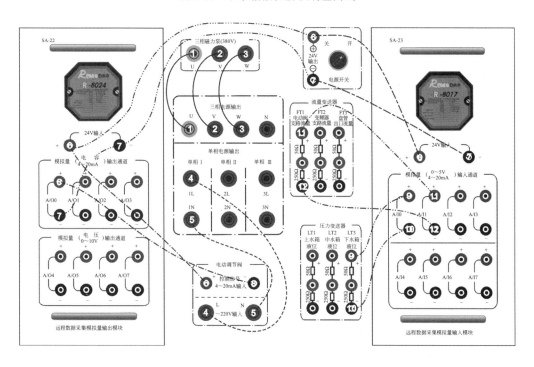

图 4-27 远程数据采集控制"液位-流量串级控制"实训接线图

② 接通总电源空气开关和钥匙开关,打开 24V 开关电源,给智能采集模块、涡轮流量计及压力变送器通电。按下启动按钮,合上单相Ⅰ空气开关,给电动调节阀通电。

③ 打开上位机 MCGS 组态环境,打开"远程数据采集系统"工程,然后进入 MCGS 运行环境,在主菜单中点击"实训十六、下水箱液位与电动阀支路流量串级控制",进入"实训十六"的监控界面。

④ 以下步骤请参考前面"(1) 智能仪表控制"的步骤④~⑧。

(3) S7-200 PLC 控制

① 将 SA-44 S7-200 PLC 控制挂件挂到屏上,并用 PC/PPI 通信电缆线将 S7-200 PLC 连接到计算机串口 1,按照控制屏接线图图 4-28 连接实训系统。将"FT1 电动阀支路流量"

"LT3下水箱液位"钮子开关拨到"ON"的位置。

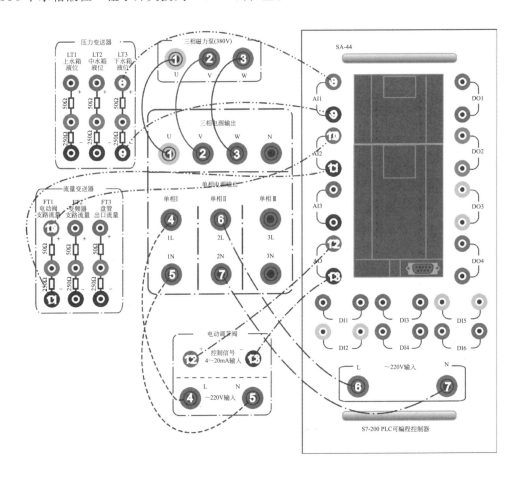

图 4-28　S7-200 PLC 控制"液位-流量串级控制"实训接线图

② 接通总电源空气开关和钥匙开关，打开 24V 开关电源，给涡轮流量计及压力变送器通电，按下启动按钮，合上单相Ⅰ、单相Ⅲ空气开关，给电动调节阀及 S7-200 PLC 通电。

③ 打开 Step 7-Micro/WIN 4.0 软件，并打开"S7-200 PLC"程序进行下载，然后运行 MCGS 组态环境。打开"S7-200 PLC 控制系统"工程，进入 MCGS 运行环境，在主菜单中点击"实训十八、下水箱液位与电动阀支路流量串级控制"，进入"实训十八"的监控界面。

④ 以下步骤请参考前面"（1）智能仪表控制"的步骤④～⑧。

4.6.5　实训报告要求

① 画出液位-流量串级控制系统的结构框图。

② 用实训方法确定控制器的相关参数，写出整定过程。

③ 根据扰动分别作用于主、副对象时系统输出的响应曲线，分析系统在阶跃扰动作用下的静、动态性能。

④ 分析主、副控制器采用不同 PID 参数时对系统性能产生的影响。

⑤ 综合分析三种控制方案的实训效果。

4.6.6 思考题

① 试简述串级控制系统设置副回路的主要原因。
② 如果用两步整定法整定主、副控制器的参数,简述其整定步骤。
③ 为什么实训中的副控制器采用PI控制器而不用P控制器?
④ 改变副控制器的比例度,对串级控制系统的动态和抗扰动性能有何影响?试从理论上给予说明。

第5章 比值控制系统知识及实训

5.1 比值控制系统的基础知识

在化工生产中，工艺上经常需要保持两种或两种以上的物料按一定的比例混合或参加化学反应，一旦比例失调，就有可能造成生产事故或发生危险。其中要求物料间流量比值的问题是大量存在的。例如，氨氧化生成一氧化氮和二氧化氮，需要严格控制氨和空气之比，否则将使化学反应不能正常进行，而且当氨、空气之比超过一定极限时会引起爆炸。又如，以重油为原料生产合成氨时，氧气和重油应该保持一定的比例。若氧油比过高，温度急剧上升，容易烧坏炉子，严重时还会引起爆炸；若氧油比过低，燃烧不完全，使炭黑增多，则易发生堵塞。再如，在合成甲醇中，采用轻油转化工艺流程，以轻油为原料，加入转化水蒸气，若水蒸气和原料轻油比值适当，可获得原料气；若水蒸气量不足，两者比值失调，则转化反应不能顺利进行，进入脱碳反应，游离炭黑附着在催化剂表面，从而破坏催化剂活性，造成重大生产事故。从以上三例可见，要保证几种物料间的流量成比例，常常是工艺的要求，同时，这也是保证混合物或反应生成物质量、满足工艺要求的其他指标的有力保证。

在比值控制方案中，要保持比值关系的两种物料，必有一种处于主导地位，这种物料称为主流量或主动物料，用符号"F_1"表示。如以负荷来考虑，则氨氧化生产中的氨，轻油转化生产合成甲醇中的轻油，或者生产过程中不允许控制的物料作为主动物料。另一种物料则跟随主动物料变化，并能保持流量比值关系的称为从动物料，以符号"F_2"表示。如氨氧化生产中的氧气，轻油转化生产合成甲醇中的水蒸气等。

另外，主动物料和从动物料的选择，要考虑工艺的约束条件和比值关系被破坏时对生产设备的安全因素，显然它是要影响生产能力的。例如，轻油转化反应中，若水蒸气的供应受到一定的限制，则为了保证生产安全，宜选用水蒸气为主动物料，轻油为从动物料。

在工程上，组成比值控制系统的方案比较多，下面将介绍控制方案，并说明它的特点与应用场合。

5.1.1 比值控制方式

(1) 单闭环比值控制系统

单闭环比值控制系统如图 5-1 所示。它具有一个闭合的副流量控制回路，故称单闭环比值控制系统。主流量 F_1 经测量变送后，经过比值计算器 FY 设置比值系数（乘以某一系数）后，作为 FC 流量控制器的设定值，并控制流量 F_2 的大小。在稳定状态下，主、副流量满足工艺要求的比值，即 $K=F_2/F_1$ 为一常数。当主流量 F_1 变化时，其流量信号经测量变送后送到比值计算器，比值计算器的任务是将工艺比值的要求用信号间的关系固定下来。比值计算器的输出信号作为副控制器的设定值，控制 F_2 的流量，并自动跟随主流量 F_1 而变化，起到随动控制系统的作用。由于副流量构成一个控制回路，能够及时克服副流量的扰动，这时它的作用是一个定值控制系统。

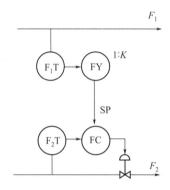

图 5-1 单闭环比值控制系统

在方案实施中，单闭环比值控制系统也可以采用比例控制器代替比值计算器 FY，即 F_1 控制器输出的信号，送给副流量控制器 FC 作为外设定值。这种结构和前述串级控制系统的结构类似，但两者一定不能混淆。单闭环比值控制系统的主流量 F_1 类似于串级控制系统中的主被控参数，但主流量并没有构成闭环控制系统，没有主对象，F_2 的变化并不影响到 F_1。尽管它也有两个控制器，但只有一个闭合回路。还有一个区别是，在串级控制系统中，主被控参数能够较好地按要求的控制品质来选择主控制器的控制规律和整定控制器的参数，而在比值控制系统中，替代比值计算器的控制器也是接受主流量 F_1 的测量信号，其输出信号作为副流量控制器 FC 的外设定值，但主流量控制器必须按比值系数的要求设置比例度的大小，一经设置不得变动。

图 5-2 是丁烯洗涤塔的单闭环比值控制系统的实际例子。该塔的任务是用水除去丁烯馏分中所夹带的微量乙腈，为了保证洗涤质量又节约用水，故设计为单闭环比值控制系统。方案中流量用孔板测量，不用开方器，并根据进料量来控制一定的洗涤水量。图中主动物料是负荷，含乙腈的丁烯馏分，从动物料为洗涤水。

这类比值控制系统的优点是当主动物料的扰动较少时，两种物料量的比值较为精确，实施较方便，所用仪表较少，所以在生产中得到了广泛的应用。它的缺点是当主流量出现较大的偏差，即控制器的设定值并不等于副流量的测量值时，主、副流量的比值会较大地偏离工艺要求，因此，它不能保证在过渡过程中的动态比值，这对生产过程中严格要求动态比值符合工艺要求的场合（如某些化学反应器）是不合适的。另一个缺点是，由于主动物料量是可变的，从动物料量必然也是可变的，那么总的物料量是不固定的，这在有的生产过程中是不允许的。所以单闭环比值控制系统一般适用于负荷变化不大的场合或主动物料量不允许控制的场合。

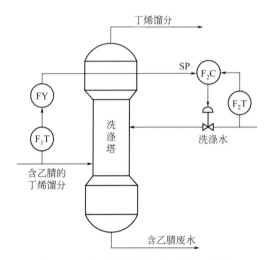

图 5-2 丁烯洗涤塔单闭环比值控制系统

（2）双闭环比值控制系统

为了克服主动物料量不受控制的缺点，在单闭环比值控制系统的基础上，增加主动物料流量 F_1 的闭环定值控制系统，构成双闭环比值控制系统。如图 5-3 所示，在烷基装置中进入反应器的异丁烷-丁烯馏分要求按比例配以催化剂硫酸，并要求各自的流量较稳定。

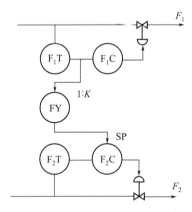

图 5-3 双闭环比值控制系统

由此可见，以主动物料流量 F_1 为被控参数的系统即简单控制系统，F_1 的流量测量信号经比值器计算后，其输出信号作为副流量控制器 F_2C 的外设定值，从动物料流量 F_2 也组成闭环系统。显然，当外设定值不变时，它按定值控制系统工作，克服进入副回路的扰动，而当设定值变化时，从动物料流量 F_2 按随动控制系统工作，尽快跟上主动物料流量的变化，在稳定后保证主动物料流量、从动物料流量的比值保持不变。

双闭环比值控制除了能克服单闭环比值控制的缺点外,另一个优点是提降负荷比较方便,只要缓慢地改变主流量的控制器的内给定,就可增减主流量,同时副流量也就自动地跟踪主流量进行增减,并保持两者比值不变。有的工厂采用两个独立的流量控制系统分别稳定主物料、副物料流量,通过人工方法保持两者比值恒定,即人工操作。和上述方案相比,仅省了比值器,但在工艺操作上极其麻烦,尤其在频繁提量、减量时,容易产生事故。双闭环比值控制系统所用设备较多,投资高,仅在比值控制要求较高的场合使用。

(3) 变比值控制系统

变比值控制系统是串级控制系统和比值控制系统的组合,如图 5-4 所示,称为串级比值控制系统。前述的几种比值控制系统中,从动物料量 F_2 和主动物料量 F_1 的比值 $K=F_2/F_1$,是通过比值器的比值系数 K 的设置实现的(或者通过改变内设定来实现的)。一旦 K 值确定,系统投入运行后,比值 K 将保持不变。若生产上因某种需要微调流量比值时,需人工重新设定比值系数 K,因此称为变比值控制系统。

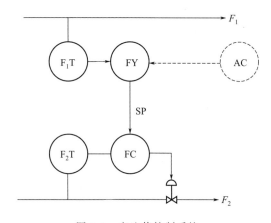

图 5-4 变比值控制系统

图 5-5 所示为采用乘法器组成的串级比值控制系统。主动物料流量 F_1 和从动物料流量 F_2 在混合器中混合后,进入反应器并生成第三种化学产品。反应器的温度为串级控制系统的主被控参数,温度控制器(主控制器)的输出信号 I_B 经过乘法器运算后作为 F_2 流量控制器的外设定信号,从动物料流量 F_2 作为串级控制系统的副被控参数,它和主动物料流量 F_1 的关系是比值控制系统。当 I_B 保持不变时,组成定比值控制系统,其 F_2/F_1 的比值和 I_B 相一致。当 I_B 随主被控参数温度的变化而改变时,流量比值随之变化,并和新的设定值相一致,故为变比值控制系统。

5.1.2 比值系数 K 的计算

在比值控制方案中,为了满足工艺流量比值 $K=F_2/F_1$ 的要求,要对比值系数 K 进行计算,这是因为工艺流量比值要求是通过信号来传递的。由于在实施方案中,可以采用相乘的方式,常用的是比值器或乘法器。在图 5-6 中,"×"的符号表示两个信号相乘的运算。

如果系数 K 是一个常数,则比值器和乘法器均可采用。若比值系数 K 需要由主被控参数来随时修正,则必须采用乘法器,因乘法器的 K 值可由输入乘法器的另一信号的变化来改变。主动物料流量 F_1 和从动物料流量 F_2 分别用孔板测量,经带开方器的差压变送器分

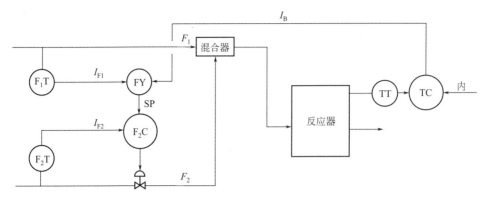

图 5-5 串级比值控制系统

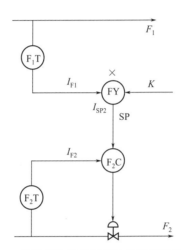

图 5-6 单闭环比值控制系统采用相乘的方案

别转换为电流信号 I_{F1} 和 I_{F2}，F_1 和比值系数 K 信号相乘后，作为从动物料流量控制器的外设定值，即 $I_{SP2}=KI_{F1}$。众所周知，控制系统在稳定后，测量值应等于外设定值，即 $I_{F2}=I_{SP2}$，所以有

$$I_{SP2}=KI_{F1}=I_{F2} \qquad (4-1)$$

因此，比值系数 K 实现的是两个流量信号间的比值关系，显然，它和工艺流量比值 $K=F_2/F_1$ 是相统一的。当外设定 I_{SP2} 保持不变时，从动物料流量组成定值控制系统，它的任务是克服从动物料流量的扰动，并保持稳定。当增量（或减量）时，F_1 流量增加，相应的信号 F_1 增大，乘以比值系数 K 后的输出信号 I_{SP2} 也相应增加，从动物料流量控制系统按随动控制系统原理工作，使测量值信号 I_{F2} 增加，即 F_2 流量增加，并保持工艺要求的比值关系。

5.1.3 比值控制系统的投运和控制器的整定

比值控制系统在设计、安装并完成以后，就可以投入使用。它与其他自动控制系统一样，在投运以前必须对比值控制系统中所有的仪表，如测量变送单元、计算单元（根据计算结果设计好比例系数）、控制器和调节阀、电与气连接管线及引压管线进行详细的检查，合格无故障后，可随同工艺生产投入工作。以单闭环比值控制系统为例，副流量实现手动遥控，操作工依据流量指示，校正比值关系，待基本稳定后，就可进行手动—自动切换，使系统投入自动运行。投运步骤与串级控制系统的副环投运相同。需要特别说明的是，系统投运前，比值系数不一定要精确设置，它可以在投运过程中逐步校正，直至工艺认为比值合格为止。

在运行时控制器参数的整定成为相当重要的问题，如果参数整定不当，即使设计、安装等都合理，系统也不能正常运行。所以，选择适当的控制器参数是保证和提高比值控制系统控制质量的一个重要的途径，这和其他控制系统的要求是一致的。

在比值控制系统中，由于构成的方案和工艺要求不同，参数整定后其过渡过程的要求也不同。对于变比值控制系统，因主参数控制器相当于串级控制器系统中的主控制器，其控制器应按主被控参数的要求整定，且应严格保持不变。对于双闭环比值控制系统中的主物料回路，可按单回路流量定值控制系统的要求整定，在受到干扰作用后，既要有较小的超调，又要能较快地回到设定值。其控制器在阶跃干扰作用下，被控参数应以（4～10）∶1 衰减比为整定要求。

但对于单闭环比值控制系统、双闭环的从动物料回路、变比值控制系统的副回路来说，它实质上是一个随动控制系统，即主流量变化后，希望副流量跟随主流量做相应的变化，并要求跟踪得越快越好，即副流量 F_2 的过渡过程在振荡与不振荡的边界为宜。它不应该按定值控制系统 4∶1 衰减曲线要求整定，因为在衰减振荡的过渡中，工艺物料比值 K 将被严重破坏，有可能产生严重的事故。

5.1.4 思考题

① 比值控制系统一般分为哪几种控制形式？
② 变比值控制系统有何特点？适用于何种应用场合？

5.2 单闭环流量比值控制系统实训

5.2.1 实训目的

① 了解单闭环比值控制系统的原理与结构组成。
② 掌握比值系数的计算方法。
③ 掌握比值控制系统的参数整定与投运方法。

5.2.2 实训设备

智能调节仪 2 块，流量传感器 2 个，电动调节阀 1 个，变频器 1 块，比值控制模块 1 块，磁力泵 2 台，导线若干。

5.2.3 实训原理

在工业生产过程中，往往需要几种物料以一定的比例混合参加化学反应。如果比例失调，则会导致产品质量的降低、原料的浪费，严重时还会发生事故。这种用来实现两个或两个以上参数之间保持一定比值关系的过程控制系统，均称为比值控制系统。

该实训是单闭环流量比值控制系统。其实训系统结构图和原理框图如图5-7所示。该系统中有两条支路，一路是来自于电动调节阀支路的流量 Q_1，它是一个主流量；另一路是来自于变频器-磁力泵支路的流量 Q_2，它是系统的副流量。要求副流量 Q_2 能跟随主流量 Q_1 的变化而变化，而且两者之间保持一个定值的比例关系，即 $Q_2/Q_1=K$。

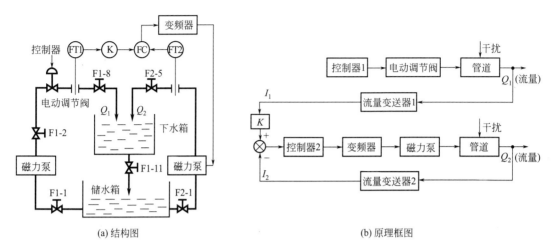

图5-7 单闭环流量比值控制系统

由图5-7中可以看出，副流量是一个闭环控制回路，当主流量不变，而副流量受到扰动时，可通过副流量的闭合回路进行定值控制；当主流量受到扰动时，副流量按一定比例跟随主流量变化，显然，单闭环流量控制系统的总流量是不固定的。

5.2.4 比值系数的计算

设流量变送器的输出电流与输入流量间成线性关系，即当流量 Q 由 $0 \sim Q_{max}$ 变化时，相应变送器的输出电流为 4～20mA。由此可知，任一瞬时主流量 Q_1 和副流量 Q_2 所对应变送器的输出电流分别为

$$I_1 = \frac{Q_1}{Q_{1max}} \times 16 + 4 \tag{5-2}$$

$$I_2 = \frac{Q_2}{Q_{2max}} \times 16 + 4 \tag{5-3}$$

式中，Q_{1max} 和 Q_{2max} 分别为 Q_1 和 Q_2 最大流量值，即涡轮流量计的测量上限。由于两只涡轮流量计完全相同，所以有 $Q_{1max}=Q_{2max}$。

设工艺要求 $Q_2/Q_1=K$，则式(5-2)和式(5-3)可改写为

$$Q_1 = \frac{I_1-4}{16} Q_{1max} \tag{5-4}$$

$$Q_2 = \frac{I_2-4}{16} Q_{2max} \tag{5-5}$$

于是求得

$$\frac{Q_2}{Q_1} = \frac{I_2-4}{I_1-4} \times \frac{Q_{2max}}{Q_{1max}} = \frac{I_2-4}{I_1-4} \tag{5-6}$$

折算成仪表的比值系数 K' 为

$$K' = K \times \frac{Q_{1\max}}{Q_{2\max}} = K \tag{5-7}$$

5.2.5 实训内容与步骤

该实训选择电动调节阀支路和变频器支路组成流量比值控制系统。实训之前先将储水箱中储足水量,然后将阀门 F1-1、F1-2、F1-8、F1-11、F2-1、F2-5 全开,其余阀门均关闭。

具体的实训内容与步骤可分四种方案,这四种方案的实训与用户所购的硬件设备有关,可根据实训需要选做或全做。本书只重点叙述两种方案。

(1) 智能仪表控制

① 将两个 SA-12 挂件挂到屏上,并将挂件的通信线插头插入屏内 RS-485 通信口上,将控制屏右侧 RS-485 通信线通过 RS-485/232 转换器连接到计算机串口 1,并按照控制屏接线图图 5-8 连接实训系统。将"FT1 电动阀支路流量"钮子开关拨到"ON"的位置,将"FT2 变频器支路流量"钮子开关拨到"OFF"的位置。

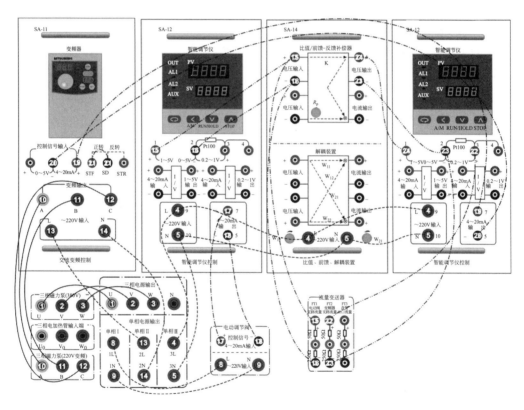

图 5-8 智能仪表控制"单闭环流量比值控制"实训接线图

② 该实训采用两只智能仪表,其中控制主流量的调节仪 1 运行在"手动"状态,即主流量控制回路开环,而控制副流量的调节仪 2 则处于"自动"状态,即副流量控制回路闭环运行。

③ 接通总电源空气开关和钥匙开关,打开 24V 开关电源,给涡轮流量计通电。按下启动按钮,合上单相Ⅰ、单相Ⅲ空气开关,给电动调节阀及智能仪表通电。

④ 打开上位机 MCGS 组态环境，打开"智能仪表控制系统"工程，然后进入 MCGS 运行环境，在主菜单中点击"实训十七、单闭环流量比值控制"，进入"实训十七"的监控界面。

⑤ 在上位机监控界面中将智能仪表 1 设置为"手动"输出，并将输出值设置为一个合适的值。此操作也可通过调节仪表实现。

⑥ 合上单相Ⅱ和三相电源空气开关，变频器及磁力驱动泵通电打水，适当增加/减小智能仪表的输出量，使电动阀支路流量平衡于设定值。用万用表测量比值器的输入电压 U_{in} 和输出电压 U_{out}，并调节比值器上的电位器，使得

$$K' = \frac{U_{in}-1}{U_{out}-1} \tag{5-8}$$

⑦ 选择 PI 控制规律，并按照单回路控制器参数的整定方法整定副流量回路的控制器参数，按整定后的 PI 参数进行副流量调节仪 2 的参数设置，同时将智能仪表 2 投入自动运行。

⑧ 待变频器支路流量稳定于给定值后，通过以下几种方式加干扰：

a. 突增（或突减）仪表 1 输出值的大小，使其有一个正（或负）阶跃增量的变化；
b. 将中水箱进水阀 F2-4 开至适当开度（副流量扰动）；
c. 将电动调节阀的旁路阀 F1-4（同电磁阀）开至适当开度；
d. 将中水箱进水阀 F1-7 开至适当开度。

以上几种干扰均要求扰动量为控制量的 5%～15%，干扰过大可能造成水箱中水溢出或系统不稳定。流量的响应过程曲线将如图 5-9 所示。

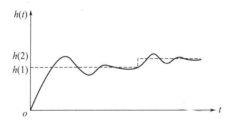

图 5-9　变频器支路流量阶跃响应曲线

⑨ 分别适量改变调节仪 2 的 P 及 I 参数，重复步骤⑧，用计算机记录不同参数时系统的阶跃响应曲线。

⑩ 适量改变比值器的比例系数 K'，观察副流量 Q_2 的变化，并记录相应的动态曲线。

(2) 远程数据采集控制

① 将"SA-22 远程数据采集模拟量输出模块"和"SA-23 远程数据采集模拟量输入模块"挂件挂到屏上，并将挂件上的通信线插头插入屏内 RS-485 通信口上，将控制屏右侧 RS-485 通信线通过 RS-485/232 转换器连接到计算机串口 1，并按照控制屏接线图图 5-10 连接实训系统。将"FT1 电动阀支路流量""FT2 变频器支路流量"钮子开关拨到"ON"的位置。

② 接通总电源空气开关和钥匙开关，打开 24V 开关电源，给智能采集模块及涡轮流量计通电。按下启动按钮，合上单相Ⅱ空气开关，给电动调节阀通电。

③ 打开上位机 MCGS 组态环境，打开"远程数据采集系统"工程，然后进入 MCGS 运

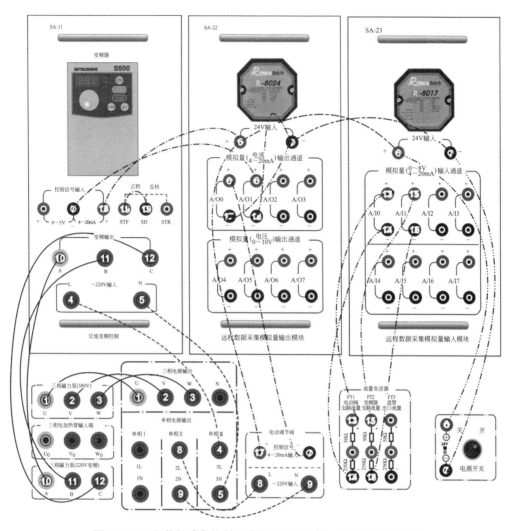

图 5-10 远程数据采集控制"单闭环流量比值控制"实训接线图

行环境,在主菜单中点击"实训十七、单闭环流量比值控制",进入"实训十七"的监控界面。

④ 以下步骤请参考前面"(1)智能仪表控制"的步骤⑤~⑩。

5.2.6 实训报告

① 画出单闭环流量比值控制系统的结构框图。
② 根据实训要求,实测比值器的比值系数,并与设计值进行比较。
③ 根据扰动分别作用于主、副流量时系统输出的响应曲线,分析系统在阶跃扰动作用下的静、动态性能。

5.2.7 思考题

① 如果 $Q_1(t)$ 是一斜坡信号,试问在这种情况下 Q_1 与 Q_2 还能保持原比值关系吗?
② 如何根据工程比值系数确定仪表比值系数?

5.3 双闭环流量比值控制系统实训

5.3.1 实训目的

① 了解双闭环比值控制系统的原理与结构组成。
② 掌握双闭环流量比值控制系统的参数整定与投运方法。
③ 分析双闭环比值控制与单闭环比值控制的不同。

5.3.2 实训设备

智能调节仪 2 块，流量传感器 2 个，电动调节阀 1 个，变频器 1 块，比值控制模块 1 块，磁力泵 2 台，导线若干。

5.3.3 实训原理

该实训是双闭环流量比值控制系统。其实训系统结构图和原理框图如图 5-11 所示。该系统中有两条支路：一路是来自于电动调节阀支路的流量 Q_1，它是一个主流量；另一路是来自于变频器-磁力泵支路的流量 Q_2，它是系统的副流量。要求副流量 Q_2 能跟随主流量 Q_1 的变化而变化，而且两者间保持一个定值的比例关系，即 $Q_2/Q_1=K$。

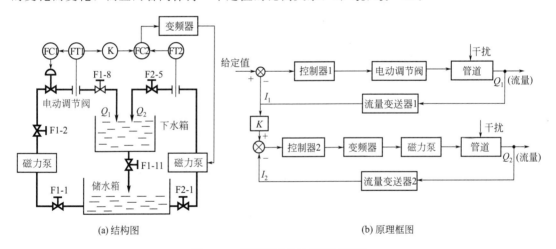

图 5-11 双闭环流量比值控制系统

由图 5-11 中可以看出，双闭环流量比值控制系统是由一个定值控制的主流量回路和一个跟随主流量变化的副流量控制回路组成。主流量回路能克服主流量扰动，实现其定值控制。副流量回路能抑制作用于副回路中的扰动，当扰动消除后，主、副流量都回复到原设定值上，其比值不变。显然，双闭环流量控制系统的总流量是固定不变的。

5.3.4 实训内容与步骤

该实训选择电动阀支路和变频器支路组成流量比值控制系统。实训之前先将储水箱中储足水量，然后将阀门 F1-1、F1-2、F1-8、F1-11、F2-1、F2-5 全开，其余阀门均关闭。

具体实训内容与步骤，以及接线图，可参照前一节的"单闭环流量比值控制系统实训"相应方案进行，只需在双闭环比值控制实训中将控制电动阀支路流量的控制器按单回路的整定方法整定好参数，并投入自动运行即可。

5.3.5 实训报告

① 画出双闭环流量比值控制系统的结构框图。
② 根据实训要求，实测比值器的比值系数，并与设计值进行比较。
③ 列表表示主动量 Q_1 变化与从动量 Q_2 之间的关系。
④ 根据扰动分别作用于主、副流量时系统输出的响应曲线，分析系统在阶跃扰动作用下的静、动态性能。

5.3.6 思考题

① 该实训在哪种情况下主动量 Q_1 与从动量 Q_2 之比等于比值器的仪表系数？
② 双闭环流量比值控制系统与单闭环流量控制系统相比有哪些优点？

参 考 文 献

［1］ 孙慧峰.过程控制系统的分析与调试［M］.北京：科学出版社，2011.
［2］ 曹亚静.过程控制系统安装［M］.北京：化学工业出版社，2012.
［3］ 董玲娇.过程控制系统设计［M］.北京：科学出版社，2016.